한 권으로 끝내는 **짜지 않은**

아이반찬

알 아 두 세 요

★ 이 책에 소개된 모든 요리의 분량은 2인분을 기준으로 제시한 것 입니다.
2인분이 아닌 경우는 별도로 분량을 표시하였습니다.

★ 이 책에 제시한 재료 중 고추장과 된장은 시중에서 판매하는 제품을 사용하였고,
간장은 시판하는 진간장이나 양조간장, 국간장은 집에서 담근 간장을 사용하였습니다.

★ 재료를 씻거나 데치거나 수분을 제거하기 위해 넣은 굵은소금은 지극히 소량만 넣은 것으로
이로 인해 염분 섭취에 대한 걱정은 하지 않아도 되나, 이마저도 내키지 않는다면
소금을 넣지 않고 손질해도 맛과 영양에는 차이가 없습니다.

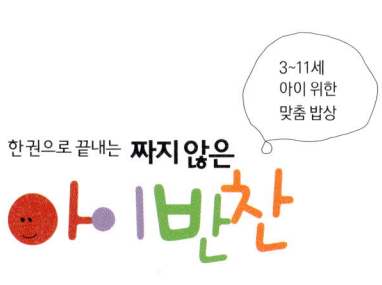

한 권으로 끝내는 **짜지 않은**

3~11세
아이 위한
맞춤 밥상

요리 김외순

55

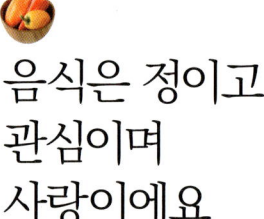

음식은 정이고
관심이며
사랑이에요

아이 키우는 엄마들은 다 비슷비슷하더군요. 소중한 내 아이, 잘 먹이고 건강하게 키우고
싶은 마음…. 좀 더 커서 학교에 들어갈 즈음이면 '뭘 먹여야 똑똑해질까?' '키 크게 하려면
어떻게 먹여야 할까?' 생각하죠. 엄마들의 한결같은 고민을 접할 때면 누구랄 것도 없이 그
모습에서 정을 느끼고 사랑을 발견하게 됩니다.

한창 성장하는 아이에겐 챙겨 먹여야 할 게 참 많습니다. 아프지 않고 쑥쑥 잘 자라게 하려면
잘 먹고 제대로 먹여야 하니까요. 그런데 엄마의 마음과는 달리 아이는 먹고 싶은 것만
먹으려 하고 몸에 좋은 건 질색하죠. 그러는 동안 엄마와 아이 사이엔 팽팽한 줄다리기가
시작되지요.

음식에 대한 편견은 평생 이어집니다. 음식에 깃든 추억 또한 오래도록 마음속에, 기억 속에
담겨 있지요. 편견이냐 추억이냐는 바로 어릴 적 입맛에 따라 결정되지 않을까요? 밥 잘 먹는
아이, 아무거나 잘 먹는 아이로 키우려면 음식에 대한 거부감, 재료에 대한 선입견을 없애는
것부터 시작해야 합니다. 엄마가 마음이 앞서서 몸에 좋다는 음식을 이것저것 먹이려
하기보다는 조금씩, 서서히, 다양하게 시도해보세요. 그리고 엄마의 기지를 발휘해보세요.
아이가 좋아할 만한 재료와 잘 안 먹는 재료를 요령껏 섞는다거나, 다양한 색깔의 재료를 잘
배합해서 먹인다거나, 씹기 수월하게 부드럽게 조리한다거나, 모양에 신경 써서 아이의 시선을
끈다거나 하는 식으로 말이죠.

이 책은 엄마의 고민과 아이 입맛 사이의 팽팽한 줄다리기를 가볍게 거둬줄 것입니다. 그리고 밥 잘 먹는 아이, 아무거나 잘 먹는 아이로 바꿔줄 거예요. 또 한 가지, 이 책에 수록된 모든 레시피는 염분을 최소한으로 사용해 맛을 냈습니다. 그래서 10년, 20년 후의 건강까지 염두에 두어 아이가 평생 건강한 입맛을 가질 수 있도록 신경 썼습니다.

그리고 시대가 바뀌고 세월이 흘러도 변하지 않는 엄마들의 염원인 똑똑해지는 음식, 키 쑥쑥 크게 해주는 음식은 필수로 담았고, 새로운 고민거리로 떠오른 비만이나 2차성징을 예방할 수 있는 음식에 대한 정보도 빼놓지 않았습니다. 비록 엄마들의 모든 고민을 다 해결할 수는 없지만 많은 부분 해소해줄 수 있으리라 생각합니다. 재료에 대한 영양 정보, 더 맛있게 만드는 조리 팁, 양념 사용 요령, 꼭 알아두어야 할 식품첨가물, 편식하지 않게 습관 들이는 방법까지 꼼꼼하게 챙겨 담았으니까요.

이 한 권의 책이 소중한 아이를
건강하고 똑똑하게 키워내는 데 도움이 되길 바랍니다.

 2013년 8월 요리연구가 김외순

contents

Part 1

똑똑하게 키우는
브레인 푸드

Part 2

롱다리 만들어주는
키 크는 반찬

contents

Part 3
컬러로 건강 지키는
피토케미컬 반찬

영양이 제각각!
다양한 컬러 푸드 _ 116
밥 잘 안 먹을 땐,
이렇게! _ 117

Part 4
2차성징 늦추는
헬스 푸드

2차성징, 이 정도만 알아둬도
늦출 수 있어요 _ 152
건강 위협하는
식품첨가물 _ 153

Part 5

반찬 없어도 굿!
한 그릇 음식

한 그릇 음식,
이렇게 만들면 간편해요 _ 176
연령별 재료 썰기 &
양념 사용 _ 177

Part 6

입 짧은 아이도 잘 먹는
영양 죽

맛있고 영양 많은 죽,
간편하게 만들기 _ 208
맛 & 영양 끌어올리는
찰떡궁합 _ 209

Part 7

세 끼 식사만큼 중요한
간식

영양 만점 간식,
이렇게 준비하면 간편해요 _ 228
단맛 양념 삼총사,
제대로 활용하기 _ 229

엄마 손맛,
홈메이드 양념장 & 소스

어려서부터 다양한 음식을 맛보게 하면 아무거나 잘 먹는 식성 좋은 아이로 자란다.
아이가 좋아할 만한 양념장이나 소스로 입맛을 돋워 아이 입맛부터 꽉 잡아두자.

조림 양념

재료···간장 1½컵, 다진 마늘 2큰술, 설탕 1컵,
맛술 4큰술, 후춧가루 조금, 물 ¼컵

만들기
냄비에 물, 맛술, 다진 마늘을 넣고 끓이다가
간장, 설탕, 후춧가루를 넣어 걸쭉하게 조린다.
시원한 실온에서 2주 이상 보관할 수 있다.

★ 생선조림, 각종 채소조림에 넣어 맛을 낸다.

간장 양념

재료···간장 2컵, 배 ⅛개, 마늘 5쪽,
대파 ⅛대, 양파 ¼개, 생강 1쪽,
맛술 2큰술, 마른 고추 1개(안 매운 것),
물 4컵

만들기
채소와 과일은 씻어서 잘게 썬 다음
마른 고추, 물 4컵과 같이 끓인다. 물의
양이 반으로 줄면 간장을 넣어 한 번 더
끓인 다음 그대로 불을 끄고 식힌다.
체에 밭쳐서 병에 담고 냉장 보관한다.

★ 채소볶음, 고기볶음 양념에 넣으면 별다른
양념을 하지 않아도 맛있다.

가쓰오 간장 양념

재료···다시마(사방 5cm) 2장, 가쓰오부시
10g, 간장 1컵, 물 2컵

만들기
다시마는 마른 천으로 닦은 다음 찬물 2컵에
넣고 30분 동안 두었다가 끓인다. 다시마
주위로 거품이 붙을 정도로 끓인 다음 불을
끄고 가쓰오부시를 넣는다. 냉장 보관한다.

★ 냉채 소스로 이용하거나 생선, 해물, 고기를
이용한 볶음이나 무침 요리에 넣는다.

된장 무침 양념

재료···된장 1컵, 올리고당 1컵,
다진 마늘 2큰술, 맛술 3큰술

만들기
모든 재료를 고루 섞은 뒤 밀폐 용기에
담아 냉장 보관한다.

★ 배추, 시금치, 취나물 등 데친 나물을 무칠
때 사용한다.

강정 양념

재료···고추장 ¼컵, 토마토케첩 ¾컵,
설탕 1컵, 간장 2큰술, 맛술 2큰술, 물 4큰술,
다진 마늘 1큰술, 올리고당 1컵

만들기
올리고당을 제외한 나머지 재료를 넣어서
수분이 없어질 정도로 끓인 다음 불을 끄고
올리고당을 넣어서 섞는다.

★ 생선튀김이나 닭고기튀김에 찍어 먹거나 버무릴
때 이용한다. 아이들이 특히 좋아하는 소스.

들깨 소스

재료…간장 3큰술, 들깨 가루 2큰술, 들기름 ½큰술, 식초 2큰술, 올리고당 1큰술

만들기
들기름을 제외한 나머지 재료를 고루 섞은 다음 나중에 들기름을 넣는다.

★ 참나물, 미나리, 배추, 양배추 등의 채소무침이나 고기를 구워서 찍어 먹을 때 곁들인다.

돈가스 소스

재료…바나나 1개, 간장 ¼컵, 우스터소스 ¼컵, 식초 2큰술, 양파 ¼개, 올리고당 ½컵

만들기
분량의 재료를 모두 넣고 믹서에 갈아서 끓인 다음 식힌다.

★ 돈가스, 소고기볶음, 스테이크 소스로 적당하다.

와사비마요네즈 소스

재료…와사비 ½큰술, 마요네즈 4큰술, 호스래디시 1작은술, 레몬즙 1큰술, 다진 양파 2큰술, 간장 1작은술

만들기
분량의 재료를 모두 넣고 고루 섞는다. 냉장고에서 2일가량 보관 가능하므로 조금씩만 만들어 사용한다.

★ 튀긴 새우, 생선, 구운 채소, 육류와 잘 어울리는 소스.

토마토케첩 소스

재료…토마토케첩 6큰술, 핫소스 1작은술, 우스터소스 ½큰술, 다진 양파 2큰술, 후춧가루 조금

만들기
분량의 재료를 모두 넣고 섞는다.

★ 해물을 데쳐서 찍어 먹거나 채소, 닭고기, 돼지고기 등을 굽거나 쪄서 찍어 먹어도 좋다.

허니머스터드 소스

재료…마요네즈 4큰술, 머스터드 1큰술, 꿀 2큰술

만들기
분량의 재료를 모두 넣고 섞는다.

★ 닭고기와 잘 어울리는 소스로 닭튀김을 찍어 먹거나 치킨이 들어가는 샐러드 소스로 활용한다.

오리엔탈 소스

재료…간장 4큰술, 다진 마늘 1작은술, 다진 양파 2큰술, 마른 고추 다진 것 1개, 설탕 1큰술, 식초 2큰술, 매실청 2큰술, 참기름 ½작은술, 현미유 4큰술, 후춧가루 조금

만들기
현미유를 제외한 나머지 재료를 섞은 다음 마지막에 현미유를 넣어서 섞는다.

★ 채소가 메인인 샐러드 소스로 좋다. 전이나 튀김을 찍어 먹는 소스로도 잘 어울린다. 냉장고에서 3일 이상 보관 가능하다.

맛과 정성이 가득! 엄마표 천연 조미료

건강한 음식이 아이를 건강하게 자라도록 해준다. 시판 조미료는 각종 첨가물이
들어가 아이 건강에 해로우므로 집에서 손수 만들어 사용하자.

다시마 가루

다시마를 흐르는 물에 씻어 소금기를 뺀 다음
그늘에 말려서 잘게 부숴 믹서에 곱게 갈아
체에 거른다. 다시마 가루는 밀폐 용기에 담아서
냉장고에 보관하면 오랫동안 두어도 맛이
변하지 않는다.

★ 콩나물국, 달걀탕, 미역국, 북엇국 같은 맑은 국,
두부조림, 생선조림, 버섯볶음, 감자볶음 등의 볶음에
적당하다.

멸치 가루

중간 크기 이상의 멸치를 머리와 내장을 제거한
뒤 흐르는 물에 씻어 소금기를 뺀 뒤 팬에 볶아
비린내를 날린 후 완전히 식힌다. 멸치를 믹서나
분쇄기에 넣어서 곱게 갈아 밀폐 용기에 넣고
냉장 보관한다.

★ 된장국이나 생선조림, 생선찜, 마늘종볶음,
애호박볶음, 양파가 들어가는 채소볶음 등에 넣는다.

새우 가루

마른 새우를 흐르는 물에 씻어서 염분을 뺀 뒤
팬에 볶거나 전자레인지에 돌려서 바짝 말려
비린내를 날려버린다. 믹서나 분쇄기에 곱게
갈아 밀폐 용기에 담아서 냉장 보관한다.

★ 각종 탕, 국 등에 넣어 맛을 낼 때, 감자조림이나
호박이 들어가는 조림에 감칠맛을 낼 때, 양배추볶음,
무채볶음, 가지볶음 등의 채소볶음과 잘 어울린다.

들깨 가루

들깨 가루는 산패하기 쉬우므로 보관에 각별한
신경을 써야 한다. 보관할 때도 구입 즉시 밀폐
용기에 옮겨 담아 냉동 또는 냉장 보관한다.

★ 미역국에 넣으면 맛이 달고 감칠맛이 난다. 수제비,
칼국수 등의 면 요리, 버섯조림, 시금치무침 등에
넣으면 고소한 맛이 나 아이들도 잘 먹는다.

표고버섯 가루

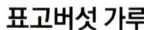

생표고버섯을 바짝 말린 다음
마른 천으로 닦아서 갈거나,
마른 표고버섯을 잘게 부순 다음
믹서에 넣어 곱게 간다. 표고버섯
가루는 천연 핵산인 구아닐산나트륨이
풍부해 감칠맛이 뛰어나다.

★ 된장이나 청국장을 이용한 국물,
순두부찌개, 감잣국, 미역줄기볶음,
양배추볶음, 감자볶음, 생선조림, 각종
채소무침 등에 넣어 맛을 낸다.

북어 가루

북어포나 북어 채를 바짝 말려서
가위로 잘게 썬 다음 팬에 살짝 볶은
뒤 식혀서 믹서에 곱게 간 다음 냉장
보관한다.

★ 채소로 만드는 각종 조림, 닭고기조림,
닭볶음, 콩나물이나 숙주나물을 이용한
무침에 넣으면 구수한 맛을 낼 수 있다.

견과류 가루

호두는 뜨거운 물에 넣어서 껍질을
벗긴 다음 바짝 말려서 물기를
제거하고, 다른 견과류는 볶아서
차게 식힌다. 종이 위에 견과류를
놓고 밀대로 밀어서 부순 뒤 칼로
곱게 다져 준비한다. 견과류는
산화가 빨리 되므로 조금씩 자주
만들어 사용한다.

★ 취나물, 시금치, 냉이 등의 나물을 무칠
때, 고기볶음, 생선강정 등에 고소한 맛을
첨가할 때 이용한다.

Cooking Lesson 3

맛 좌우하는 재료 배합, 제대로 계량하기!

엄마 손맛의 시작은 정확한 재료 계량에서 시작된다. 계량 도구든, 자신이 사용하는 조리 도구든 일정하게 매뉴얼화하면 요리도 자신 있고 맛내기도 문제 없다.

똑똑한 계량법

● **액체** 계량컵이나 계량스푼 끝 지점에서 시작하여 다른 끝에 포물선을 그리듯이 가득 담는 것이 정확한 계량법이다.

● **가루** 밀가루는 체에 쳐서 속에 충분한 기포가 들어가도록 한 다음 담아서 젓가락으로 편편하게 깎아 계량한다. 체에 내리지 않고 꾹꾹 눌러서 담으면 실제 양보다 많아진다. 녹말가루나 설탕은 가득 담아서 젓가락이나 나무 꼬치로 편편하게 밀어서 계량한다.

● **고추장 & 된장** 자연스럽게 봉긋해질 정도로 담은 다음 주변을 정리해서 계량한다.

계량 도구, 바로 알기

계량컵 1컵 = 200cc

* 계량컵 1컵은 200cc로 일반적으로 종이컵이나 찻잔도 200cc이므로 계량컵이 없으면 종이컵이나 찻잔으로 계량해도 양이 동일하다. 또 일반 밥공기는 250cc 정도로 생각하면 된다.

계량스푼 1큰술 = 15cc   밥숟가락 1큰술 = 7.5cc

계량스푼 1작은술 = 5cc   찻숟가락 1작은술 = 3cc

* 계량스푼 1큰술은 밥숟가락 2숟가락과 비슷하고, 계량스푼 1작은술은 찻숟가락 1½찻숟가락과 비슷하다.

손대중으로 계량하는 방법

부추 1줌(90g)   느타리버섯 1줌(100g)   콩나물 1줌(100g)

양배추 1조각(100g)   무말랭이 1줌(20g)   마른 새우 1줌(15g)

잔멸치 1줌(25g)   마른 고사리 1줌(20g)   스파게티 1줌(100g)

냉장고 정리 정돈,
살림 고수에게 한 수 배우기

하루에도 몇 번씩 내용물이 바뀌고 채워지는 냉장고. 정리되어 있지 않으면 반찬 통이나
저장 장류 통 등이 깊숙이 밀려들어가 꺼내기가 여간 번거로운 게 아니다. 냉장고
선반이나 문, 서랍 등에 어떤 음식과 식품을 넣을지 미리 분류해놓으면 정리와 정돈은
그렇게 어렵지 않다. 한 번 배워놓으면 평생 써먹을 냉장고 정리 정돈 노하우! 배워본다.

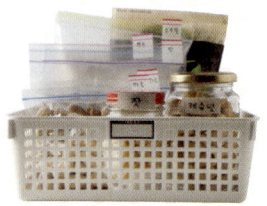

냉장고 정리의 기본 룰

1 손을 뻗어 바로 꺼낼 수 있는 곳엔 자주 사용하는 것을, 가장 위나 아래 칸은 자주 꺼내지 않는
것을 정리한다.

2 냉장실은 찬 공기가 잘 순환하도록 하기 위해 빼곡하게 채우지 않는다. 반면 냉동실은 냉기를
품고 있어야 하므로 빼곡하게 수납하는 것이 좋다. 이런 점을 기억해두면 에너지 효율은 물론
식품 위생도 챙길 수 있다.

3 가끔 덜 식은 음식을 냉장고에 넣기도 하는데, 이것은 가능한 한 피해야 한다. 냉장고 온도를
갑자기 올려놓아 냉장고에 보관하고 있는 음식이 변질할 위험이 있다.

4 냉장고는 적어도 한 달에 한 번 베이킹 소다나 주방 전용 세제, 물에 희석한 락스, 소독용 알코
올로 닦아 세균 번식을 막는다.

5 채소 수납 서랍에 미처 손질하지 못한 채소를 넣어두는 경우가 종종 있는데, 채소 서랍에 신문
지를 도톰하게 깔아놓고 자주 갈아주면 서랍이 지저분해지는 것을 막을 수 있다.

6 구멍이 뚫린 플라스틱 바구니는 잘 깨지지 않고 가벼워 정리 정돈 바구니로 제격. 크기별로 지
퍼 백도 서너 가지 준비하면 내용물의 양과 내용에 따라 효율적으로 정리할 수 있다.

정리 정돈이 잘된 냉장고의 모습

손질하기 전 vs 손질한 후

장을 본 후 바로 먹을 것과 보관할 것을 분류해서 수납할 때
미리 손질해 정리한 경우와 손질하지 않고
통째로 보관하는 경우, 냉장고의 공간 활용도를 체크해보았다.

냉장실

냉동실

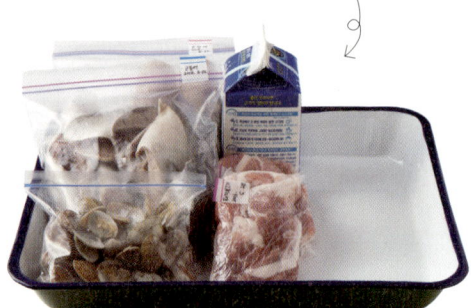

버섯과 시금치, 브로콜리, 파, 양배추 등을
같은 크기의 그릇에 담아 손질하기 전과 손질한 후를
비교해보면 훨씬 공간이 많이 남는 것을 볼 수 있다.
냉장고를 넓게 사용하고 조리 시간을 줄이려면 미리미리
손질해 냉장고에 보관한다. 특히 시금치, 부추처럼 잎이
연한 채소류는 쉽게 물러지므로 용도별로 손질하여
보관한다. 배추, 양배추, 무, 단호박 같은 부피가 큰
재료들도 손질 후 한 번 먹을 분량씩 나눠서 보관한다.

오징어와 소고기, 고등어, 조개 등도
통째 혹은 포장 상태로 냉동해놓은 것과 비교해보면,
데치거나 삶아서 한 끼 분량씩 나눠 비닐 랩에 싸서
냉동하면 훨씬 많은 공간을 확보할 수 있다. 손질한
재료는 비닐백이나 지퍼 백에 담아서 편편하게 한 뒤
차곡차곡 쌓아 보관하면 공간도 효율적으로 사용할 수
있다. 육수는 전용용기나 우유팩에 담아 보관한다.

자주 쓰는 재료 냉동 보관법

양배추는 용도별로 잘게 채 썬 것, 큼직하게 썬 것, 남은 자투리 등을 랩으로 씌워놓으면 알뜰하게 다 챙겨 먹을 수 있다.

시금치는 바로 먹을 것이 아니라면 뿌리를 다듬고 씻어 데친 후 손질해서 물기를 약간 남긴 채 비닐 랩으로 한 끼 먹을 분량씩 나눠 싼 후 다시 지퍼 백에 보관한다.

브로콜리는 샐러드로 많이 해 먹는데, 한 송이를 한 끼에 다 먹지 못하는 경우가 많다. 데쳐서 냉동하는 것이 가장 알뜰하게 먹는 방법. 지퍼 백에 담아 냉동해두었다가 해동해서 수프를 끓이거나 볶음을 하면 알뜰하게 먹을 수 있다.

단호박은 자르지 않은 것이라면 실온에 보관하거나 냉장고 채소 칸에 보관하면 되는데, 자른 것은 쉬 상할 수 있다. 이럴 때는 푹 삶아 으깨서 비닐 백에 넣어 납작하게 눌러 냉동하면 수프나 죽으로 만들기 쉽다.

오징어는 손질하여 한 마리씩 랩으로 돌돌 말아 비닐 백에 넣어 냉동한다. 여러 마리를 한꺼번에 냉동하면 해동할 때 시간이 걸리고 다시 냉동하면 맛과 영양이 파괴된다.

조개류는 한 번 삶아서 국물과 건더기를 분리한 다음 우유 팩에는 국물을, 지퍼 백에는 삶은 조개를 담아 냉동 보관하면 나중에 꺼내 조리하기 편리하다.

단골 양념, 대파 & 마늘 보관법

대파도 곧장 먹을 것이라면 손질해 반으로 잘라 비닐 랩으로 싸 냉장고에 보관하고 금방 먹지 않을 거라면 잎과 줄기를 따로 나눠 어슷하게 썰거나 송송 썰어 각각 지퍼 백에 담아 냉동한다. 조리하기 전에 꺼내 해동하지 않고 요리할 때 쓰면 편리하다.

다진 마늘을 마늘 통에 담아 냉장하면 색이 변하기도 하고 덜어내다가 숟가락에 묻은 양념 때문에 지저분해질 수 있다. 지퍼 백에 담아 납작하게 눌러 공기를 뺀 후 냉동실에서 얼려두었다가 필요한 만큼 뚝뚝 잘라 쓰면 편리하다. 얼리기 전에 젓가락을 이용해 바둑판무늬로 자국을 내 얼려도 좋다.

생선은 초기 부패를 막기 위해서는 내장을 정리하고 잘 씻어 냉동하는 것이 가장 좋다. 생선은 냉동 보관하는 것이 5~7℃에서 보관하는 것보다 보관 기간이 거의 두 배 정도 된다. 작은 얼음 조각과 함께 넣어 얼리면 생선 종류에 따라 1~2주 정도 보관할 수 있다. 해동할 때는 냉장실에 넣어두거나 얼음물에 담가 서서히 녹인다.

굴비나 도미 같은 생선은 한 마리씩 랩으로 싸서 각각 얼린 뒤 지퍼 백이나 자른 페트병에 담아 세워서 냉동 보관한다.

새우는 가지런히 늘어놓고 랩으로 싸거나 비닐 백에 넣어 냉동하는 것이 좋다. 새우는 자칫 꼬리의 뾰족한 부분에 찔리기 쉬운데 이렇게 붙지 않게 얼리면 꺼내 쓰기도 편리하다.

냉장실 제일 위 칸

자주 꺼내지 않는 것들 또는
유통기한이 긴 것들을 보관한다.

● 매실청이나
장아찌 등은 선반
깊숙이 넣어
정리해도 되고
일부는 손잡이가
달린 바구니에
정리해 담아두면 꺼내 쓰기 편리하다.
견출지에 내용물을 정리해 붙여놓으면
일일이 꺼내보지 않아도 돼 편하다.

냉장실 아래 칸

김치 통처럼 부피가 크거나
무거운 것을 넣는다. 아이들
손이 닿는 높이이므로
요구르트나 간식을 담은 쟁반을
올려놓아도 된다.

● 아이들이 직접
냉장고에서 간식을
꺼내 먹을 수 있도록
쟁반에 담아놓는다.

채소와 과일용 서랍

일정 크기 이상인 냉장고는
채소와 과일을 수납하는
서랍이 나뉘어 있다. 과일은
과일끼리, 채소는 채소끼리
수납하는 것을 원칙으로 한다.

● 쓰다 남은 자투리
채소를 랩에 싸서 한
바구니에 담아놓아 쓰다
남은 것을 바로 알아볼 수
있게 정리한다.

냉장실 중간 칸

달걀, 두부와 같이 자주 꺼내거나
빨리 먹어야 할 것들을 보관한다.
자주 꺼내는 반찬 통이나 잼,
피클 등이 담긴 유리병도 중간
칸에 보관한다.

● 반찬 통은 유리나 투명한 밀폐
용기에 담아야 내용물 확인하기가
쉽다. 반찬 통은 둥근 형태보다
사각형이 공간 활용에 좋다.

● 달걀을 냉장고 문 쪽에 수납하는
것은 절대 안 된다. 냉장 유통 달걀을
사서 밀폐 용기에 담아 냉장고 선반에
넣어두는 것이 좋다. 문 쪽에 보관하면
문을 여닫으면서 달걀이 흔들려
흰자가 묽어진다.

● 병에 담아둔 피클이나 장아찌, 잼
등은 알아보기 쉽게 높은 것은 뒤쪽에,
낮은 것은 앞쪽에 배치한다.

● 쓰다 만 생강 조각, 깐 마늘, 송송 썬
쪽파 같은 부피가 작은 자투리
재료들은 작은 유리병에 담아놓으면
알아보기 쉽다.

● 페트병을 적당한
길이로 잘라 가장자리를
테이프로 돌려 붙이고
반으로 썬 대파, 오이,
아스파라거스처럼
길쭉하고 높이가 있는
것들을 꽂아놓으면 쓰러져서 눌리거나
보이지 않을 염려도 없고 쉽게 찾을 수 있다.

냉장실 문 선반

제일 위쪽 문은 눈에 잘 안 띄고 자주 꺼내기에는 불편하기 때문에 키가 큰 것, 양이 많은 것, 또는 장기간 보관 가능한 것을 넣어둔다. 간장, 참치액, 액젓, 한약 등이 적당하다. 견출지에 내용물을 써서 붙여놓으면 더욱 좋다.

● 중간 문 선반에는 자주 꺼내 쓰는 것을 놓는다. 각종 소스와 마요네즈, 치즈 등이 적당하다. 반 이상 쓴 마요네즈나 토마토케첩은 거꾸로 뒤집어놓으면 사용하기 편리하다.

● 연겨자, 와사비같이 튜브에 들어 있는 작은 소스들도 쓰러지면 찾기 힘들기 때문에 자른 페트병에 꽂아둔다. 배달 음식에 들어 있는 일회용 소스 남은 것도 자른 페트병이나 낡은 플라스틱 밀폐 용기에 담으면 찾기 쉽다.

● 아래 칸은 음료수, 우유, 주스 등 키가 큰 페트병이나 우유 팩을 정리하면 높은 곳에 두었다가 꺼낼 때 떨어트려 쏟거나 다치는 것을 피할 수 있다.

냉동실 정리는 이렇게…

● 냉동실 수납은 쌓아두면 꺼내기 힘들거나 꺼내면서 와르르 무너지기 쉬우므로 가능한 한 세워서 보관한다. 지퍼 백에 담아 얼리거나 랩으로 싸서 납작한 모양으로 얼린 뒤, 바구니에 가지런히 세워서 보관하는 것이 가장 좋다.

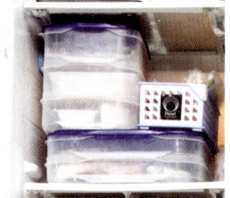

● 손질해 얼린 채소, 얼린 고기, 얼린 해물 등 비슷한 재료들을 한 바구니에 정리해 담고 견출지에 내용물을 적어둔다. 얼리면 내용물이 헷갈리는 경우가 많다. 각각 지퍼 백에 담아 견출지를 붙인다.

● 냉동실 맨 위 칸은 공간을 비워둬 아이스크림과 같이 부피가 큰 물건을 보관할 수 있게 하고, 알루미늄 쟁반이나 접시 등을 놓아 바로 얼릴 수 있는 공간으로 비워두면 요긴하다. 알루미늄 재질의 쟁반은 급속 냉동에 요긴하게 쓰이고, 지퍼 백이나 비닐 랩에 싼 물건을 올려 얼리면 평평하게 모양을 만들 수 있어 편리하다.

● 다진 마늘, 송송 썬 대파 같은 재료들은 비닐 백에 담아 납작하게 얼린 뒤, 바로 찾기 쉽도록 바구니에 세워서 정리하거나 문 쪽에 세워 정리한다.

● 마른 새우나 멸치, 북어포 등은 각각 길이가 긴 밀폐용 그릇에 담아 손이 쉽게 닿는 문 쪽에 수납한다.

Part 1

똑똑하게 키우는
브레인 푸드

내 아이가 똑똑해지길 바라는 엄마 마음은
다 같다. 이왕 먹일 거라면 기억력과
집중력을 키워 두뇌 발달에 도움이 되는
식품을 골라서 밥상에 올려본다. 먹으면서
총명해지는 똑똑한 음식.

· 노른자 속 레시틴이 머리를 좋게 해주는 **달걀**
· 달걀과 함께 완전식품으로 꼽히는 **우유**
· 탄수화물과 함께 먹으면 더 좋은 **돼지고기**
· 단백질과 철분 공급원 **소고기**
· 레시틴이 풍부해 기억력 쑥 올리는 **검은깨**
· 키도 크고 머리도 좋아지는 **삼치**
· 다양한 필수아미노산 덩어리 **새우**
· 체력도 보충하고 기억력도 향상되는 일석이조 **마**
· 들기름에 볶은 영양 반찬 **파래김**
· 머리 좋은 아이로 키워주는 **견과류**
· 뇌세포가 활발하게 활동하도록 돕는 **고등어**
· 해독 작용으로 몸을 가볍게 해주는 **미역**
· 똑똑한 아이로 만들어주는 홈메이드 **두유**
· 신진대사를 도와 건강 돌려주는 **굴**
· 다양한 건강 메뉴 가능한 **조개**
· 세계적인 장수 식품 **요구르트**
· 레시틴이 풍부해 기억력을 좋게 해주는 **두부**
· 필수아미노산이 풍부한 **꼬막**
· 변비 예방부터 면역력 향상까지 **우엉**
· 식이섬유 많은 배추와 환상 궁합, 발효 식품 **된장**
· 소아 비만 아이에게 적극 추천할 만한 **청국장**

브레인 푸드, 이런 식품이 있어요!

》 떨어지는 집중력 잡는 단백질

단백질은 뇌의 주성분으로 소고기, 돼지고기, 닭고기, 달걀, 메추리알 등에 풍부하다. 특히 달걀과 메추리알에는 레시틴이 풍부해 뇌를 활성화해준다. 단백질은 기억력, 학습 능력과 관련 있는 두뇌 신경전달물질을 생산함으로써 집중력이 저하되는 것을 잡아준다.

》 기억력 높이는 견과류

뇌세포의 주요 구성 성분은 리놀레산과 레시틴으로 기억력과 뇌 기능을 향상해준다. 이들 성분은 검은깨에 특히 많다. 호두는 뇌 신경을 안정시키고, 땅콩은 필수지방산과 비타민 B·E군, 잣은 비타민 B군과 철분이 풍부하다.

》 DHA 풍부한 등 푸른 생선

고등어, 삼치, 꽁치 등의 등 푸른 생선에는 DHA가 풍부하다. DHA는 학습에 관련된 대뇌의 기능을 잘 유지해주어 기억력을 높일 뿐만 아니라 뇌의 정상적인 인지 기능을 도와 판단력을 높여준다. DHA는 등 푸른 생선뿐 아니라 오징어, 굴, 새우, 들기름 등에도 풍부하다. 이들 식품을 등 푸른 생선과 곁들여 먹는 것도 좋다.

》 집중력 길러주는 바나나

채소와 과일에 풍부한 비타민과 무기질은 뇌 활동에 꼭 필요한 영양소이며 뇌에 산소를 공급하는 역할도 한다. 특히 마는 두뇌 활동을 활발하게 해주고. 기억력 회복에도 도움을 주어 학습 효과를 높이는 데 효과적이다. 바나나에 함유된 비타민 B는 두뇌에 필요한 에너지가 되고 집중력을 오래 유지하는 효과가 있다.

》뇌 건강 책임지는 유제품

유제품은 우유를 이용해서 만든 식품으로 우유, 치즈, 요구르트 등이 포함된다. 특히 치즈는 우유의 단백질을 응고해 만든 것으로 매일 일정한 양을 꾸준히 먹으면 양질의 단백질을 흡수할 수 있어 뇌에 좋다.

》두뇌 회전을 빠르게! 콩류

콩에는 이소플라본 성분이 들어 있는데, 이는 뇌혈관을 깨끗하게 하고 두뇌 회전을 빠르게 해준다. 흰콩, 검은콩, 쥐눈이콩, 완두, 강낭콩 등 모든 콩류에 이 성분이 들어 있으므로 아이들에게 번갈아가며 고루 먹이면 도움이 된다.

》두뇌 발달에 꼭 필요한 요오드

김, 미역, 다시마, 파래 등의 해초류에 풍부한 요오드는 두뇌 발달에 꼭 필요한 영양 성분이다. 미역에는 머리를 맑게 하고 피로 회복을 돕는 칼륨이 들어 있어 미역을 자주 먹는 것도 뇌의 기능을 좋게 한다.

이유식 끝~ 일반 식사 어떻게 먹일까?

무른 밥이나 진밥으로 시작한다

아이들은 소화 기능이 발달하지 않아서 죽이 끝난 뒤 곧바로 어른들이 먹는 것처럼 밥을 지어 먹이면 소화를 못 시킨다. 물의 양을 넉넉하게 잡아서 진밥이나 무른 밥부터 먹여야 탈이 없다. 소화를 잘 시키면 서서히 물의 양을 줄여서 쌀밥으로 지어 먹이고 차츰 잡곡밥으로 옮겨가도 된다.

잡곡밥은 3세 이후부터 먹인다

잡곡밥은 3세 이후에 이유식에 넣었던 기장이나 율무 등을 넣어 먹이기 시작한다. 처음에는 밥의 5% 정도로 시작해 조금씩 늘려 20% 정도로 늘린다.

아이 밥상은 기본적으로 3첩이 적당하다

아이들은 골격과 체형이 커지기 때문에 세 끼 식사에 단백질, 탄수화물, 지질, 무기질, 비타민이 충분히 들어가도록 준비하여 식사량의 균형을 맞춰 식단을 구성한다. 아이가 한 가지만 잘 먹는다고 해서 그것만 먹이기보다 최소한 세 가지 반찬을 갖춘 밥상이 적당하다.

염분은 최소한, 짠맛은 가능한 한 늦게!

한 번 길들여지면 세월이 흘러도 바꾸기 쉽지 않은 게 입맛이다. 특히 짠맛은 어릴 때부터 주의해야 한다. 김치나 깍두기는 아이용으로 따로 담가 먹이고, 오이피클, 단무지, 조미김 등은 가능한 한 먹이지 않는다. 치즈도 저염으로 구입해 먹인다.

3세 이상

달걀완두콩볶음

부드러운 달걀스크램블에 고소한 맛의 완두를 넣은 반찬. 완두의 비타민과 달걀의 단백질의 조합이 성장기 아이에게 좋은 메뉴다.

엄 마 수 첩

노른자 속 레시틴은 머리를 좋게 해준다

달걀은 완전식품이라 불릴 정도로 거의 모든 영양소가 고루 들어 있어 성장기 아이들에게 꼭 먹여야 할 식품이다. 흰자에는 지방은 없고 단백질이 풍부하므로 비만한 아이들의 단백질 공급원으로 적당하고 노른자는 레시틴이 많아 두뇌 발달에 좋다. 칼슘, 철분, 엽산 등도 풍부하다.

재료   달걀 2개, 완두 3큰술,
붉은 피망 ⅓개,
소금 ⅓ 작은술, 현미유 1큰술

만들기

1   달걀은 곱게 풀어서 소금을 넣은 다음 잘 섞고 체에 내린다.

2   완두는 끓는 물에 소금을 넣어서 데친 다음 찬물에 헹궈 잘게 다진다. 붉은 피망도 잘게 썬다.

3   팬을 달궈 현미유를 두른 다음 달걀 푼 것을 넣어 젓가락으로 휘휘 잘 젓는다.

4   달걀이 충분히 익었으면 불을 끄고 완두와 붉은 피망을 넣어서 고루 섞는다.

Tip

완두는 삶은 뒤 볶아야 파릇한 색이 살아나

완두는 오래 볶으면 색이 변하고 고소한 맛도 줄어든다. 끓는 물에 부드럽게 삶아 기름에 살짝 볶으면 색깔도 살아나고 맛도 변하지 않는다.

달걀우유찜

달걀찜에 우유를 첨가하면 우유의 고소한 맛이 달걀의 비린 맛을 잡아주고 고소한 맛도 더 진해진다. 우유는 가열해서 소화 흡수도 더 잘된다.

달걀과 함께
완전식품으로 꼽히는
우유

단백질, 칼슘, 철분 등이 풍부해
성장기 아이의 경우 매일 한두
잔의 우유를 마실 것을 권한다.
우유를 달걀찜, 수프, 죽 등에
넣으면 부드럽고 고소한 맛이
진해져서 아이들이 잘 먹는다.
소화를 잘 못 시키는 아이들의
경우에도 열을 가하면 소화
흡수가 더 잘돼 부담 없이 먹일
수 있다.

재료   달걀 1개, 우유 ½컵,
소금 ⅙ 작은술

만들기

1   볼에 달걀을 깨뜨려 넣고 우유, 소금을
넣어서 잘 섞는다.

2   달걀물은 체에 거른 다음 거품 등을
제거한다.

3   ②의 달걀물은 내열용 도자기 그릇에
담는다.

4   김이 오른 찜통에 ③의 그릇을 넣고 약한
불에서 부풀지 않도록 15분간 찐다.

Tip

약한 불에서 쪄야
부드럽다

부드러운 달걀찜을 만들 때는 불의 세기 조
절이 중요하다. 달걀이 응고하는 온도는
65~70℃ 정도이므로 아주 약한 불에서 찜
을 해야 부드럽다.

3
세
이
상

치즈완자조림

고기만 좋아하는 아이나 채소를 싫어하는 아이를
위한 음식. 두 가지 재료를 곱게 다져 치즈를 채워 만든
완자를 토마토케첩으로 조린 영양 반찬이다.

탄수화물과 함께 먹으면 더 좋은 돼지고기

돼지고기는 단백질, 비타민 B1이
풍부하다. 비타민 B1은
탄수화물의 체내 대사를 도와주기
때문에 탄수화물 섭취가 많은
우리나라 사람들이 먹으면 좋다.
아이들에게 먹일 때에는 돼지고기
등심이나 안심이 기름기가 적고
부드러워 적당하다. 수육으로
삶으면 부드럽고 기름기도 쭉
빠져서 고기를 싫어하는 아이도
좋아한다.

재료   돼지고기(안심) 100g, 양파 ⅓개, 당근(1cm) 1토막,
모차렐라 치즈 2큰술, 달걀물 3큰술, 빵가루 4큰술,
참기름 ½작은술, 소금 ⅓작은술, 현미유 1작은술
조림 양념 토마토케첩 2큰술, 간장 ½작은술,
다진 마늘 ½작은술, 올리고당 1큰술, 물 ¼컵

만들기

1   돼지고기는 기름을 제거한 다음 잘게
다진다.

2   양파, 당근도 곱게 다져 돼지고기에 넣고
달걀물, 빵가루, 참기름, 소금을 넣어서
차지게 반죽한다.

3   ②의 반죽을 먹기 좋게 한 입 크기로
완자를 만든 다음 가운데를 오목하게 파서
모차렐라 치즈를 조금씩 덜어 넣고
뭉쳐 완자를 동글납작하게 만든다.

4   팬을 달궈 현미유를 두른 다음 완자를 넣고
앞뒤로 굴려가면서 노릇하게 굽는다.

5   조림 양념 재료를 분량대로 고루 섞는다.

6   완자가 다 익었으면 조림 양념을 넣고
자작하게 조린다.

Tip

**완자는 센 불에서 시작,
중약불에서 익힌다**

완자는 센 불에서 굴리며 굽다가 겉이 어느
정도 익으면 중약불로 줄여야 속의 치즈가
많이 빠져나오지 않고 팬이 타지 않는다. 소
스에 조릴 때는 센 불에서 재빨리 조린다.

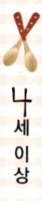

나
세
이
상

청국장떡갈비조림

어린 시절의 식습관에 따라 청국장 냄새는 호불호가
뚜렷하다. 떡갈비에 냄새가 약한 청국장을 조금씩
넣어 먹이다 보면 건강한 입맛을 갖게 된다.

재료　다진 소고기 100g, 청국장 1큰술, 양파 ⅓개, 당근(1cm) 1토막, 쪽파 1줄기, 현미유 1큰술
떡갈비 양념 다진 마늘 ⅓작은술, 간장 ½작은술, 참기름 ½작은술, 깨소금 1작은술, 후춧가루 조금
조림 양념 간장 1큰술, 올리고당 2큰술, 맛술 1큰술, 물 ¼컵

만들기

1 청국장은 잘게 다져서 준비한다.

2 양파와 당근은 잘게 다지고, 쪽파는 송송 썬다.

3 볼에 다진 소고기, 양파, 당근, 쪽파, 다진 청국장, 떡갈비 양념을 넣어서 차지게 치댄다.

4 직사각형 모양으로 떡갈비를 만든다.

5 팬을 달궈 현미유를 두른 다음 떡갈비를 넣고 앞뒤로 굽는다.

6 분량의 조림 양념을 팬에 넣어 끓이다가 ③의 구운 떡갈비를 넣어 자작하게 조린다.

Tip

떡갈비 반죽은 충분히 치대야 쫄깃

양념한 떡갈비는 너무 센 불보다 중약불에서 굽는 것이 적당하다. 다진 고기 반죽을 충분히 치대 공기를 최대한 빼야 먹을 때 쫄깃한 맛을 느낄 수 있다.

5세 이상

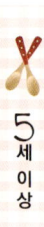

감자검은깨볶음

두뇌 발달에 좋은 레시틴이 풍부한 검은깨를 넣어 맛과 영양을 보충한 반찬. 감자를 채 썰어 볶아 씹는 맛이 좋다.

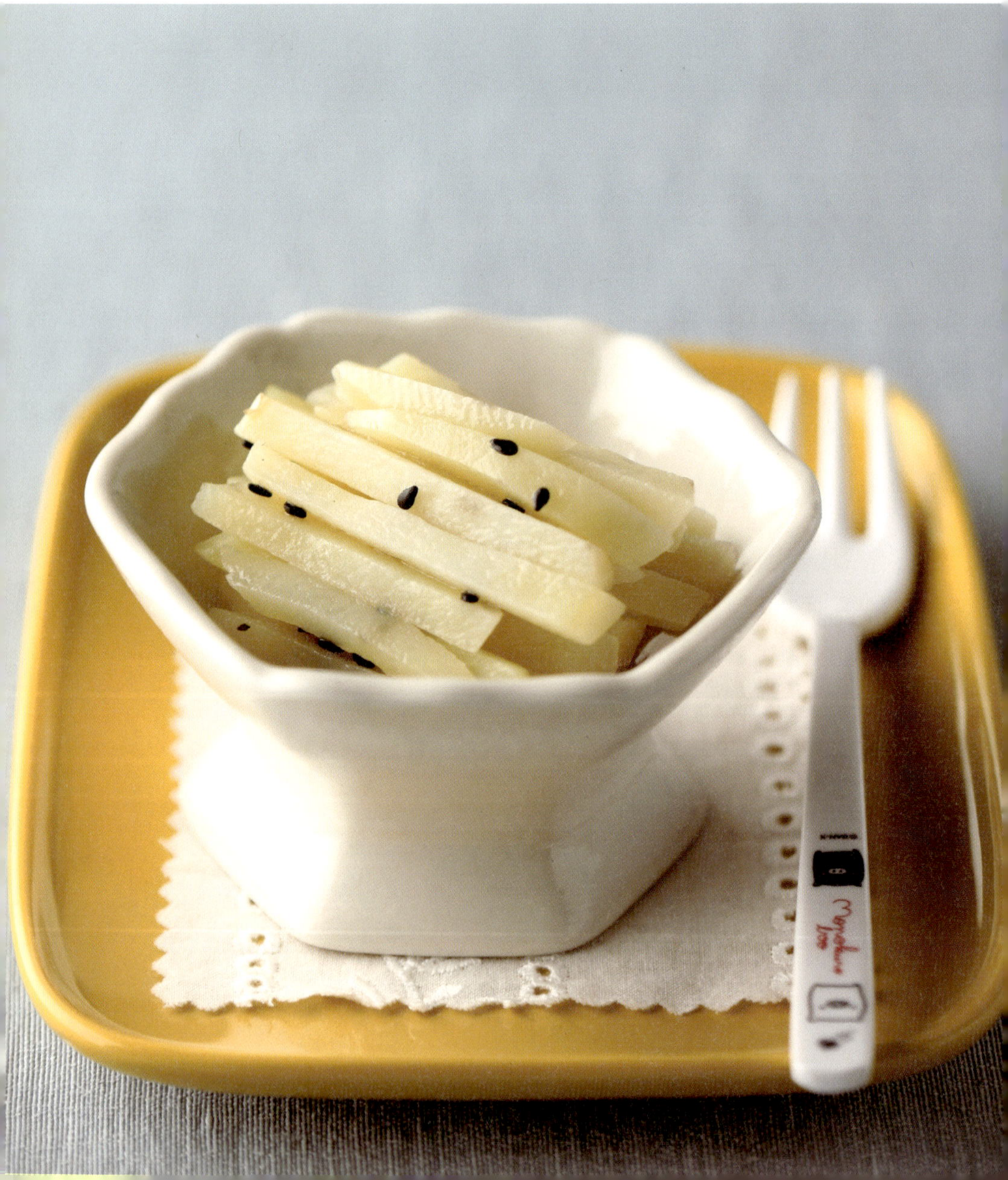

엄마수첩

레시틴이 풍부한 검은깨로 기억력 쑥쑥 키운다

검은깨는 레시틴이 풍부해서 기억력과 집중력 향상에 좋다. 대개 부재료로 검은깨를 조금씩만 넣지만 아이 음식에는 듬뿍 넣어도 좋다. 감자 볶음이나 버섯볶음 등의 볶음 요리에 넣거나, 볶음밥이나 비빔밥 등에 두루 넣어 먹인다. 또 호두나 아몬드 같은 견과류와 함께 검은깨를 넣고 강정으로 만들어 간식으로 먹여도 효과적이다.

재료 감자(중간 크기) 1개, 검은깨 1작은술, 참기름 ½작은술, 다시마 국물 ⅓컵, 물 ¼컵, 굵은소금(절이기용) ⅓작은술, 현미유 1큰술

만들기

1 감자는 껍질을 벗겨 사방 0.5cm 두께로 채 썬 다음 물 ¼컵에 소금 ⅓작은술을 넣어 감자를 절인다.

2 감자가 살짝 절여지면 찬물에 헹궈 면 보나 키친타월에 올려 물기를 제거한다.

3 달군 팬에 현미유를 두르고 감자채를 볶다가 다시마 우린 물을 넣어서 속까지 익도록 볶는다.

4 감자가 다 익었으면 불을 끄고 검은깨와 참기름을 넣어서 고루 섞는다.

Tip
감자는 찬물에 담가 녹말 성분을 뺀다

감자는 녹말 성분이 있어서 기름에 볶을 때 바닥에 눌어붙기 쉽다. 감자를 썰어서 찬물에 담가 녹말 성분을 뺀 뒤 볶으면 깔끔하다.

5세 이상

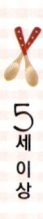

삼치참깨구이

삼치는 불포화지방산과 단백질이 풍부하고 소화가 잘되어 아이들이 먹기에 좋다. 참깨를 듬뿍 묻혀 구우면 고소한 맛이 진하고 비린 맛은 나지 않는다.

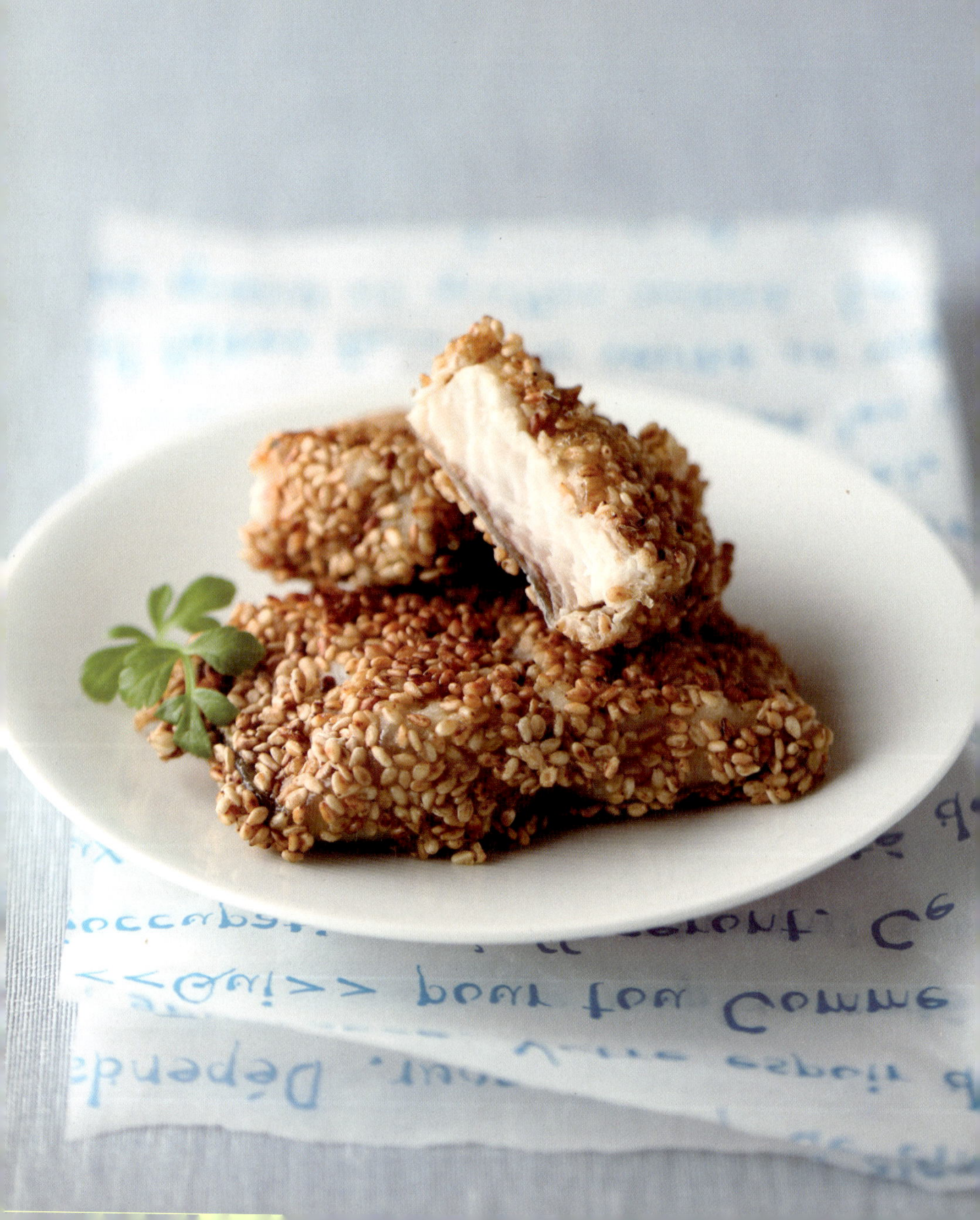

엄마수첩

부드럽고 고소한 맛의 삼치, 키도 크고 머리도 좋아져

아이들은 충분한 양의 단백질을
섭취하는 것 못지않게 다양한
종류의 단백질을 섭취하는 것도
중요하다. 고기, 생선, 콩 등
종류를 다양하게 정해서
번갈아가며 먹여 양질의
단백질을 공급해줘야 키가 쑥쑥
잘 자란다. 그중에서도 삼치
같은 등 푸른 생선은 살이
부드럽고 맛은 고소한 데다
DHA가 풍부해서 두뇌 발달에
좋다. 소금간만 조금 하여
그릴에 굽거나 데리야키 소스에
조리면 밥반찬으로 적당하다.

재료　삼치살 ¼마리 분량, 참깨 4큰술, 밀가루 3큰술,
　　　달걀물 1개 분량, 식용유 2큰술,
　　　굵은소금(절이기용) ¼작은술

만들기

1 삼치살은 3cm로 썰어서 굵은소금
¼작은술을 뿌려 30분간 절인다.

2 소금에 절인 삼치살은 찬물에 씻어서
키친타월 위에 올려서 물기를 제거한다.

3 물기를 제거한 삼치살은 밀가루, 달걀물
순으로 옷을 입힌다음 참깨를 앞뒤로 듬뿍
묻힌다.

4 참깨를 앞뒤로 듬뿍 묻힌 다음 달군 팬에
식용유를 둘러 ③의 삼치살을 타지 않게
앞뒤로 노릇하게 굽는다.

Tip

머스터드 소스나 돈가스 소스를 곁들여도 맛있다

삼치에 밀가루와 달걀물로 옷을 입혀 구우
면 튀김이나 전처럼 바삭하고 맛있다. 생선
을 싫어하는 아이라면 좋아하는 소스를 조
금 곁들여 먹이는 것도 좋다.

3세 이상

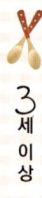

새우두부전

새우를 곱게 다지고 두부는 으깨서 고루 섞은 다음 먹기 좋게 전으로 부친 영양 반찬. 고소한 두부와 부드럽게 씹히는 새우의 맛이 잘 어울린다.

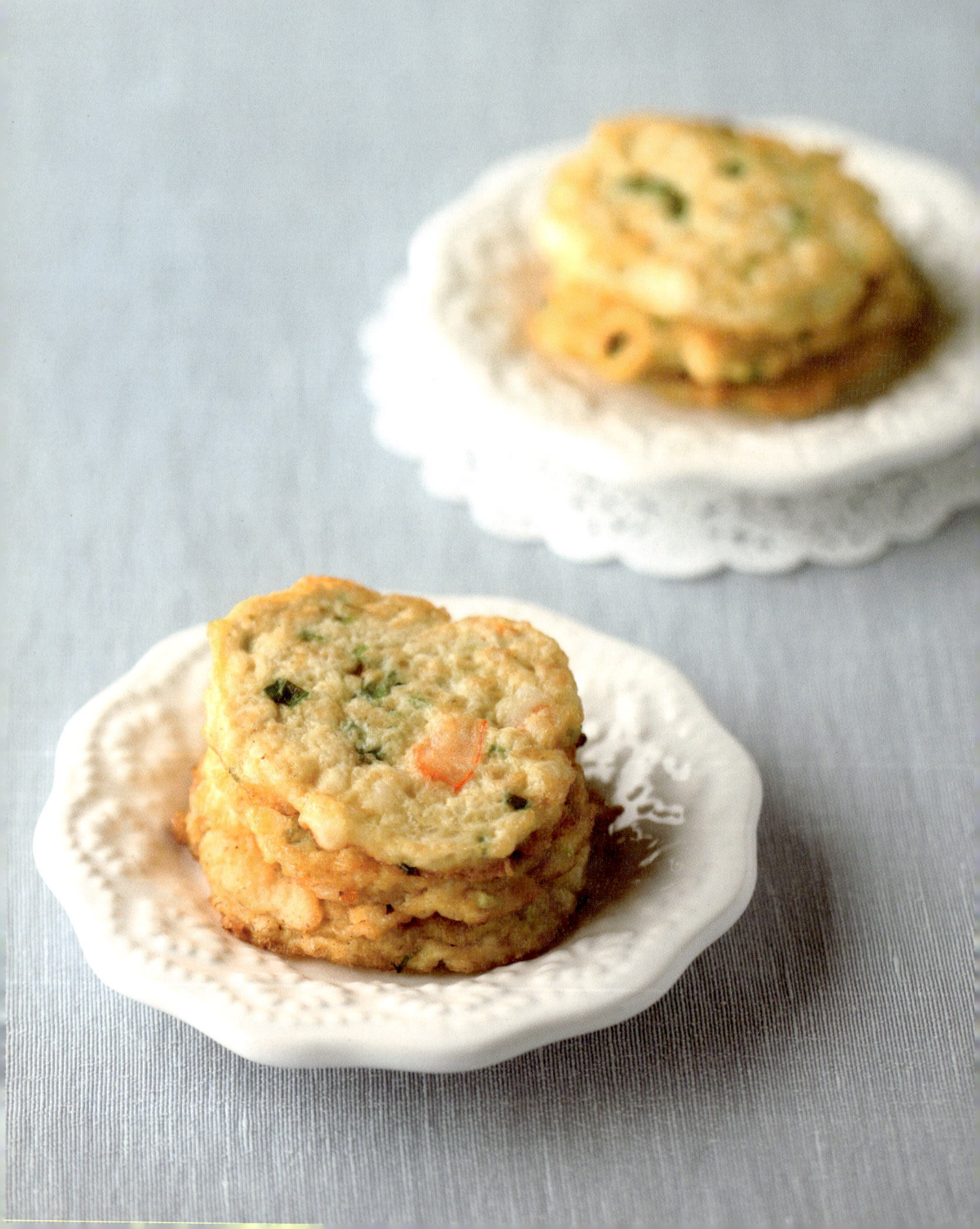

다양한
필수아미노산 덩어리,
새우

새우는 단백질도 풍부하지만
라이신, 글리신, 메티오닌 같은
필수아미노산도 많이 들어 있다.
새우를 많이 먹으면 콜레스테롤
수치가 높아진다는 말이 있지만
껍질째 먹으면 이를 방지할 수
있다. 껍질에 많은 키토산
성분이 콜레스테롤 수치가
높아지는 것을 막아주기
때문이다. 새우 껍질에는 체내의
불순물과 중금속 등을 해독하는
성분이 많으므로 껍질은 육수로
끓여서 다양하게 활용하면
버리는 것 없이 다 먹을 수 있다.

재료 두부 ¼모, 새우 4마리, 달걀 1개,
쪽파 1줄기, 식용유 적당량

만들기

1 두부는 면 보로 감싸 물기를 꼭 짠 다음
곱게 으깬다.

2 새우는 두 번째 마디에서 꼬치로 내장을
빼낸 다음 잘게 다진다.

3 볼에 다진 두부, 다진 새우, 송송 썬 쪽파,
달걀, 참기름을 넣어 고루 섞는다.

4 팬을 달궈 식용유를 두른 다음 ③의 반죽을
한 수저씩 떠 넣어 타지 않게 앞뒤로
노릇하게 굽는다.

Tip
해산물이 들어가는 반찬에는
소금을 넣지 않아도

두부와 새우를 곱게 다져 반죽을 만들 때 소
금을 따로 넣지 않아도 어느 정도 짠맛을 느
낄 수 있다. 해산물을 이용할 경우 소금을
넣지 않거나 아주 소량만 넣는 것이 좋다.

4세 이상

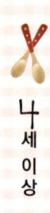

마커틀릿

마는 생것으로 먹는 것이 좋지만 아이에게 먹이려면 고소하게 튀기거나 전으로 만드는 것이 가장 좋은 조리법. 빵가루를 입혀 더욱 바삭하다.

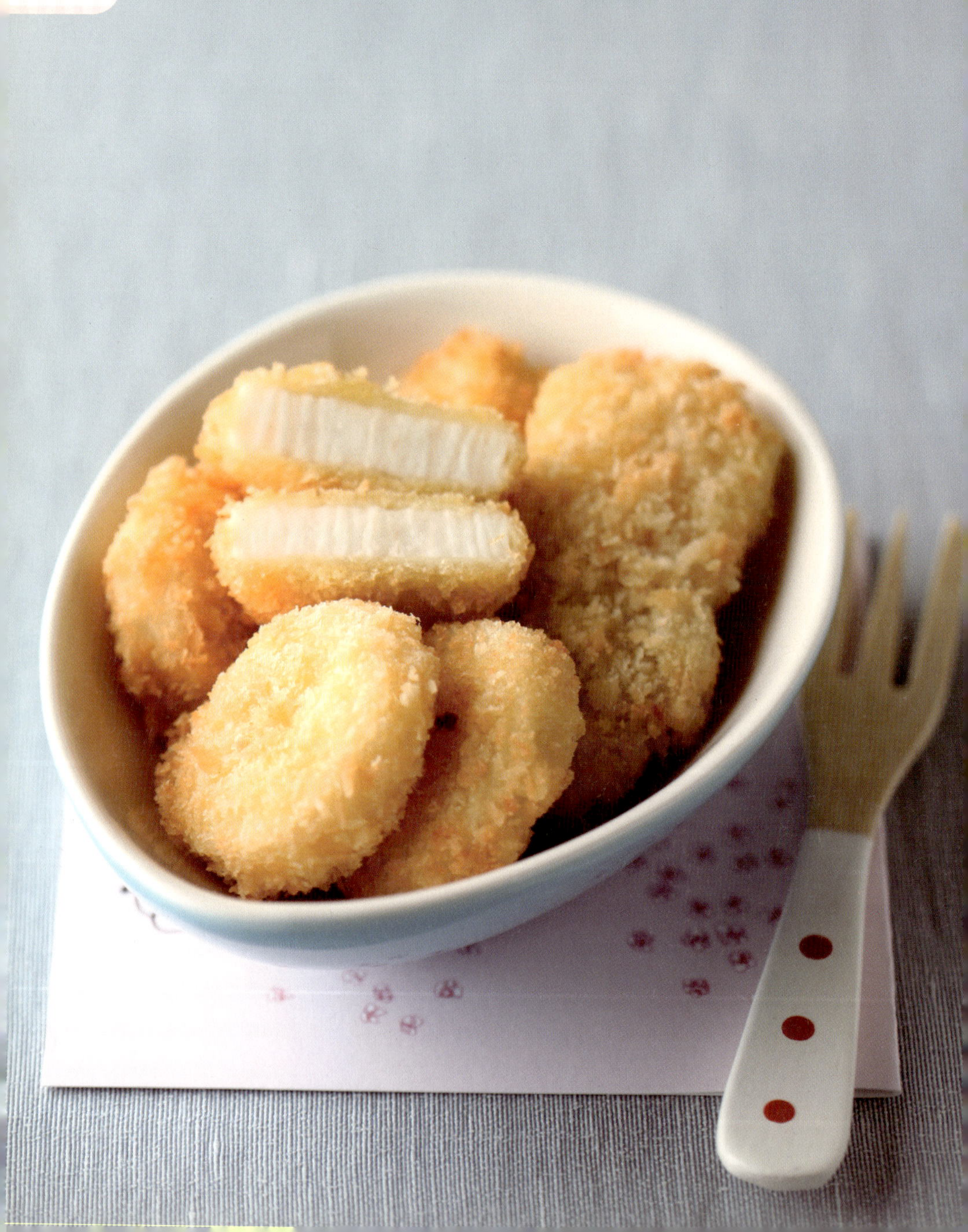

체력도 보충하고
기억력도 좋게 하는
일석이조, 마

마는 체력을 강화하고 기력을
보충해주는 식품이다. 또한 콜린
성분과 철분, 마그네슘, 비타민
B·B2·C 등도 다량 들어 있어
아이는 물론 수험생이 먹으면
기억력을 좋게 하고 학습 능력도
길러준다. 마는 끈적거리는 성분
때문에 아이들은 질색하지만
바나나에 우유를 넣고 갈아서
셰이크로 만들어주면 곧잘
먹는다.

재료 마(10cm) 1토막, 달걀 1개, 밀가루 ½컵,
빵가루 1컵, 물 2큰술, 식용유 적당량,
굵은소금(절이기용) ⅓작은술

만들기

1 마는 껍질을 벗긴 다음 먹기 좋은 크기로
저민 다음 소금을 뿌려 살짝 절인다.

2 빵가루에 물 2큰술을 고루 뿌려 촉촉하게
준비한다.

3 달걀을 고루 푼다. ①의 마는 밀가루, 달걀,
빵가루 순으로 묻힌다.

4 오목한 팬에 식용유를 넣고 달궈 마를 넣고
바삭하게 튀기듯이 굽는다.

Tip

마 껍질 벗길 때
일회용 장갑 착용은 필수

마는 맨손으로 껍질을 벗기면 피부가 가려
울 수 있으므로 일회용 장갑을 끼고 벗긴다.
껍질은 필러를 이용하면 간편하게 벗길 수
있다.

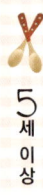

5세 이상

엄마수첩

들기름에 볶은 파래김은
아이 위한 영양 반찬

김은 식이섬유와 필수아미노산, 비타민 A가 풍부하다. 그중 파래김은 칼슘과 칼륨이 풍부하고 콜레스테롤을 떨어뜨려 혈관을 깨끗하게 유지하는 데 효과적이다. 게다가 향긋한 향까지 더해 입맛을 돋운다. 파래김을 들기름에 볶은 뒤 참깨를 뿌리면 DHA와 레시틴까지 보충해 성장기 아이들을 위한 반찬으로 안성맞춤이다.

파래김볶음

고소한 맛과 향이 좋은 파래김볶음은 아이들이 특히 좋아하는 반찬.
미네랄 성분이 김보다 5배 이상 많지만 산패하기 쉬우므로 한꺼번에
많이 만들지 않는다.

재료　파래김 10g, 설탕 1작은술, 깨소금 1큰술,
　　　참기름 ½작은술, 소금 ⅕작은술,
　　　식용유 1큰술

만들기

1　파래김은 먹기 좋게 뜯고 불순물을
　　제거한다.

2　팬을 달궈 식용유를 두른 다음 작게 뜯은
　　파래김을 넣어 고소하게 볶는다.

3　파래김이 파릇하게 볶아지면 설탕, 소금을
　　넣고 불을 끈 다음 깨소금, 참기름을 넣는다.

4　볶은 파래김을 키친타월 위에 올려 기름을
　　제거한다.

Tip

이물질을 제거하여
조리한다

파래김에는 작은 조개나 새우 껍질 같은 불
순물이 섞여 있는 경우가 많다. 아이가 먹다
가 이물질을 씹을 수 있으므로 꼼꼼히 살펴
제거한다.

1

2

3

4

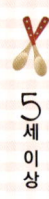

5세
이상

바나나소스
채소샐러드

바나나로 만든 소스를 곁들인 간단 샐러드.
채소를 싫어하는 아이들을 위해 향이 좋고 달달한
맛이 나는 과일로 만든 소스를 준비해 채소와
친해지도록 한다.

Blooming sticker

다양한 견과류 섭취,
머리 좋은 아이로
키운다

세계 10대 건강식품으로 꼽힌
견과류는 불포화지방산,
레시틴, 칼슘, 항산화 성분 등이
풍부하므로 조금씩 꾸준히 먹는
게 좋다. 고소한 맛 때문에 한 번
먹으면 자꾸만 손이 가지만
단단해서 씹기 싫어하는
아이들은 그다지 좋아하지
않는다. 잘게 다져서
멸치볶음이나 새우볶음 등의
볶음 요리에 참깨 대신 뿌리거나
두유와 섞어 먹인다.

재료　　어린잎 채소 1컵, 쌈 채소 4장, 오이 ⅓개,
　　　　견과류(호두, 아몬드, 땅콩 등) 2큰술
　　　　바나나소스 바나나 1개, 올리브유 1큰술,
　　　　꿀 ½큰술, 소금 ⅓작은술

만들기

1 어린잎 채소와 쌈 채소는 씻어서 물기를
제거한다. 오이는 씻어 둥근 모양을 살려서
썬다.

2 바나나는 껍질을 벗겨 볼에 넣고 포크로
곱게 으깨서 올리브유, 꿀, 소금을 넣어 잘
섞는다.

3 견과류는 잘게 다진 다음 기름을 두르지
않은 팬에 살짝 볶아 식힌다.

4 접시에 어린잎 채소, 작게 뜯은 쌈 채소,
오이, 견과류를 넣고 바나나 소스를 뿌린다.

🟠 Tip

견과류는
살짝만 볶아야 고소해

견과류를 볶을 때 너무 오래 볶거나 센 불에
볶으면 탈 수 있고 고소한 맛보다 쓴맛이 나
기 쉽다. 겉만 볶는다는 느낌으로 살짝 볶은
뒤 식혀야 고소한 맛이 살아난다.

1

2

3

4

5세 이상

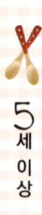

고등어강정

고등어는 두뇌 발달에 좋은 DHA가 풍부하지만 비린내가 진한 것이 문제. 맛술과 생강즙 등을 넣어 만든 양념장으로 애벌로 간하면 비린내를 없앨 수 있다.

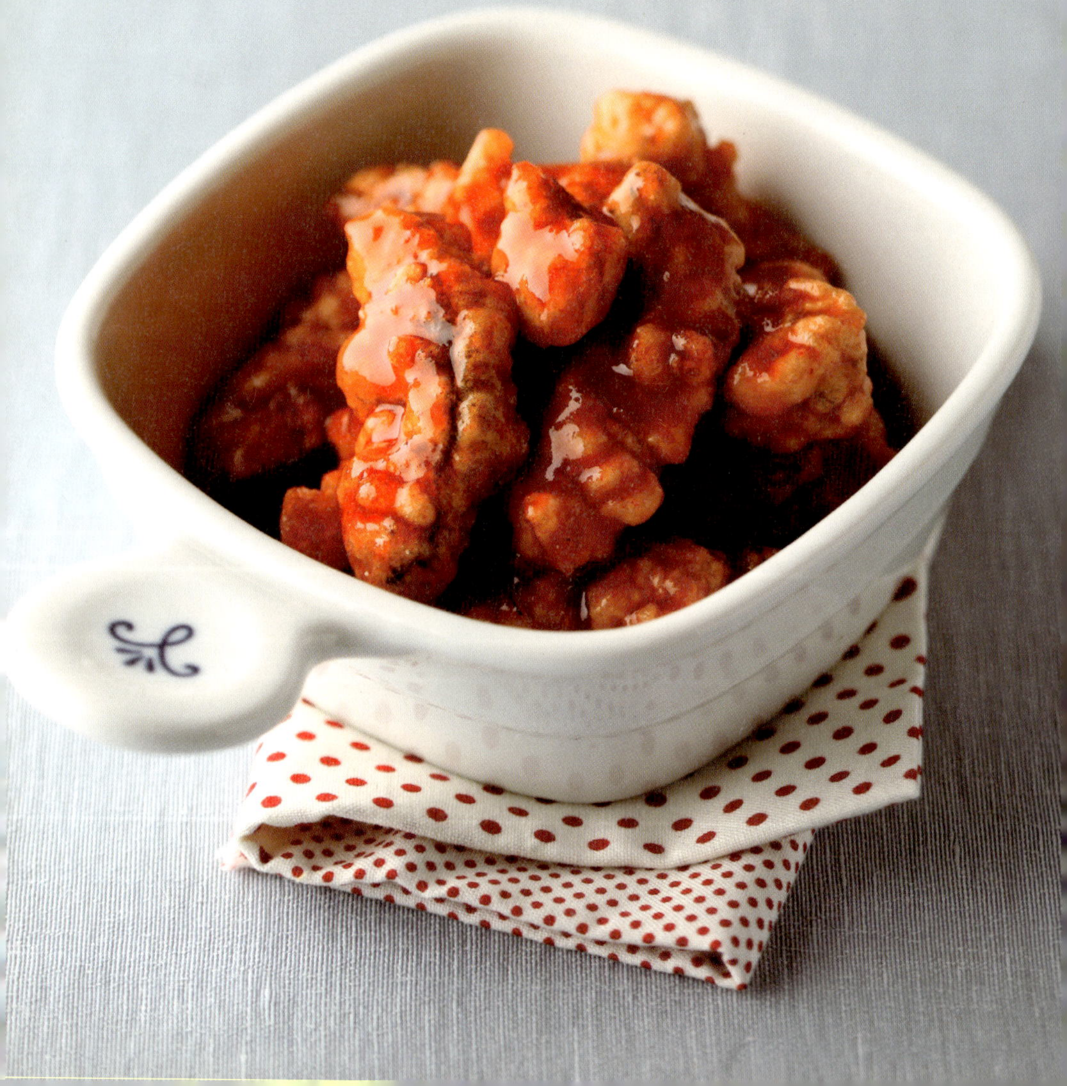

뇌세포가 활발하게 활동하도록 도와주는 고등어

등 푸른 생선의 대표 격인 고등어에는 두뇌 발달의 중요 영양소인 DHA가 풍부하다. DHA는 두뇌 발달은 물론 뇌세포의 활동을 활성화하는 기능도 해서 성장기 어린이가 꼭 섭취해야 할 영양소이다. 자반고등어는 염분 함량이 지나치게 높고 신선도에도 문제가 있으므로 아이들에게는 생물 고등어를 먹이는 게 좋다.

재료 고등어살 ⅓마리 분량, 달걀 1개, 녹말가루 4큰술, 식용유 적당량
고등어 양념 간장 ½작은술, 맛술 ½큰술, 생강즙 ½작은술, 참기름 ⅓작은술
강정 소스 토마토케첩 2큰술, 고추장 ⅓큰술, 다진 마늘 ⅓작은술, 설탕 ½큰술, 올리고당 1큰술, 후춧가루 조금, 물 1큰술

만들기

1 고등어살은 2cm 폭으로 썰어서 고등어 양념을 넣어 밑간한다.

2 고등어에 양념이 잘 배면 달걀을 풀어 넣고 녹말가루를 넣어서 고루 섞어 반죽한 다음 170℃로 달군 식용유에 넣어 노릇하게 2번 튀긴다.

3 냄비에 강정 소스 재료를 넣고 자작하게 끓인 다음 차게 식힌다.

4 고등어튀김을 어느 정도 식힌 다음 강정 소스에 넣고 버무린다.

Tip
고등어튀김은 식혀야 비린내가 안 나

튀긴 고등어와 강정 소스는 모두 한 김 식힌 뒤 섞어야 시간이 지나도 강정이 눅눅하지 않다. 고등어튀김을 식히지 않고 소스에 버무리면 비린내가 날 수 있으므로 주의한다.

미역오이무침

미역은 해독 효과가 있고 요오드와 칼륨이 풍부해 두뇌
발달에 꼭 필요한 식품이다. 아이가 좋아할 만한 채소와 함께
무침으로 준비해본다.

해독 작용으로 몸을 가볍게 해주는 미역

입안에서 미끈거리는 느낌 때문에 아이들이 꺼리는 미역은 해독 작용을 하고 피를 맑게 해 혈관을 깨끗하게 청소해준다. 칼슘도 풍부해서 뼈를 튼튼하게 한다. 소고기를 넣고 끓인 미역국은 맛과 영양의 균형도 잘 맞고 먹기에 부드러워 아이들도 좋아한다. 초간장을 넣은 미역무침엔 식초 대신 레몬즙을 뿌리면 풍미도 더 좋고 건강에도 좋다.

재료　　마른 미역 5g, 오이 ½개,
　　　　굵은소금(절이기용) ⅓작은술
　　　　무침 양념 간장 1작은술, 식초 ½작은술,
　　　　다진 마늘 ½작은술, 깨소금 1작은술,
　　　　참기름 ½작은술

만들기

1 미역은 찬물에 부드럽게 불려 1cm 폭으로 썬 다음 찬물에 씻어서 물기를 꼭 짠다.

2 오이는 씻어서 길이로 반 자른 다음 반달 모양으로 얇게 썰어서 소금을 뿌려 절인 다음 씻어서 물기를 제거한다.

3 무침 양념 재료를 모두 섞어 준비한다.

4 볼에 미역과 오이, 무침 양념을 넣어 조물조물 무친다.

Tip
미역은 오래 불리지 않도록 주의

마른 미역은 물에 담가놓은 후 손으로 만져보아 딱딱한 느낌만 없으면 다 불려진 것. 생미역은 끓는 물에 살짝 데친 후 조리해도 된다.

4세 이상

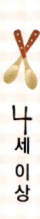

콩채소전

콩을 갈아서 전으로 부치면 아이들도 좋아하는 고소한 맛을 낼 수 있다. 다양한 채소를 함께 갈아 넣으면 영양은 물론 아이의 미각도 길러진다.

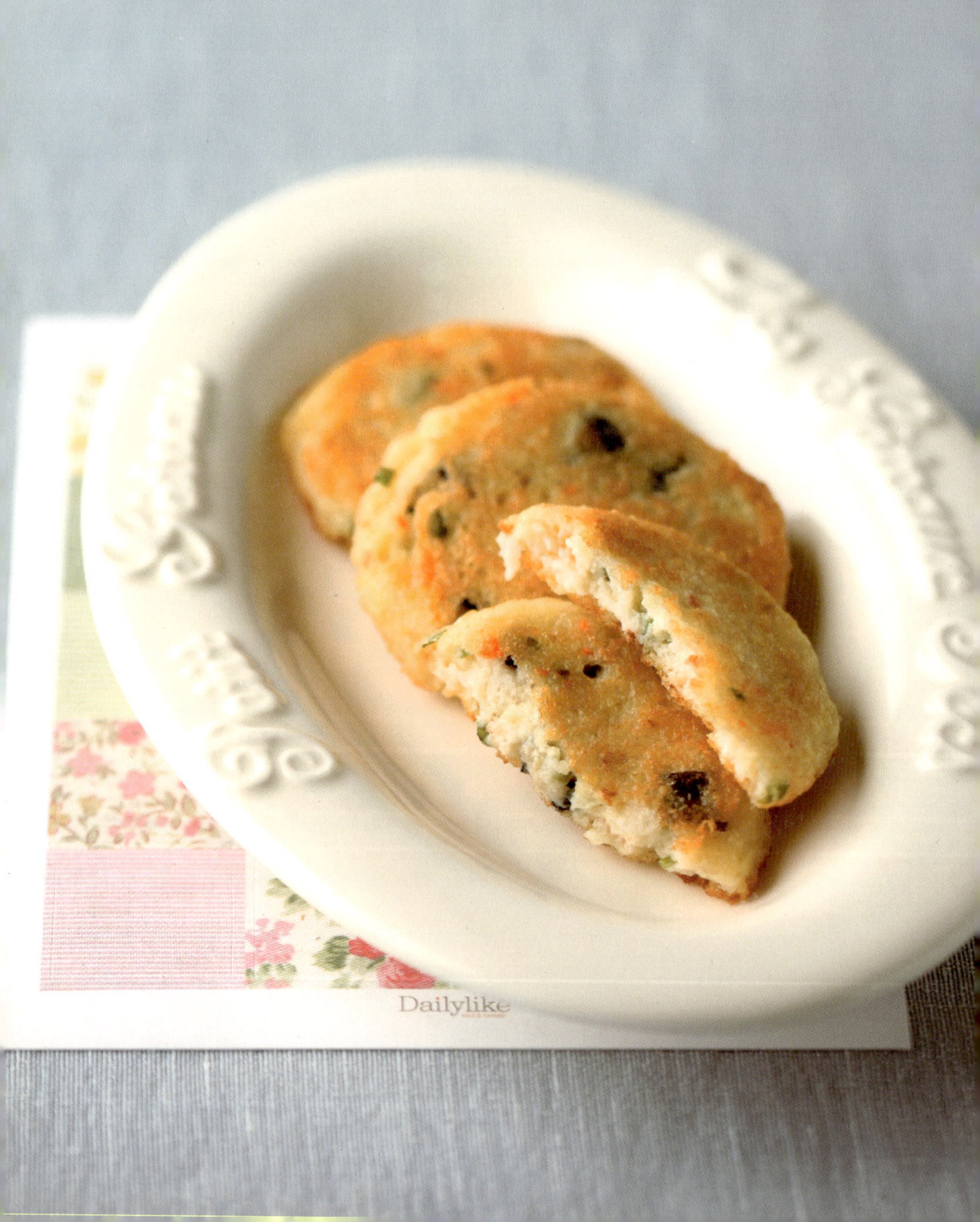

똑똑한 아이로
만들어주는
홈메이드 두유

콩은 식물성 단백질과 레시틴,
유익한 지방산이 풍부하다.
그중에서도 흰콩이 가장
영양소가 많다. 시판되는 두유는
첨가물과 당분이 많아 아이에게
먹이면 단맛에 길들여질 수
있다. 흰콩을 삶아서 곱게 갈면
훨씬 고소하고 몸에도 더 좋은
홈메이드 두유가 완성된다. 콩은
소화가 잘 안되므로 아이에게
먹일 때에는 충분히 익혀야 탈이
나지 않는다.

재료
흰콩 ¼컵, 당근(1cm) 1토막, 양파 ¼개,
쪽파 2줄기, 달걀 1개, 밀가루 ⅓컵,
소금 ⅓작은술, 물 2⅓컵, 식용유 적당량

만들기

1 콩은 씻어 물 2컵을 넣고 4시간 정도 불린다.

2 ①의 콩을 건져 믹서에 넣고 달걀, 물 ⅓컵을
넣어 곱게 간다.

3 당근과 양파는 잘게 다지고, 쪽파는 송송
썬다.

4 볼에 콩 간 것, 당근, 양파, 쪽파를 넣고
밀가루, 소금을 넣어서 잘 섞는다.

5 달군 팬에 식용유를 두른 다음 반죽을
한 수저씩 떠 넣어 앞뒤로 노릇하게 굽는다.

Tip
콩은 충분히 불린 뒤 간다

콩은 충분히 불려서 믹서로 3분 이상 곱게
간 후 전을 부쳐야 거친 콩의 입자가 느껴지
지 않고 부드럽다. 콩을 하루 전에 물에 담가
서 냉장고에 두었다가 갈아도 곱게 잘 갈아
진다.

레몬소스굴튀김

'바다의 우유'라 불리는 굴은 아연과 철분이 풍부해서 다양한 조리법으로 변화를 줘 아이들의 입맛에 맞게 만드는 것이 중요하다.

신진대사를 도와
건강하게 키워주는
굴

굴은 소고기에 버금가는
단백질이 들어 있고 타우린,
시스틴 등의 아미노산도
풍부해서 신진대사를 활발하게
해준다. 생굴은 특유의 비릿한
향 때문에 잘 안 먹는데
레몬즙을 떨어뜨리면 냄새를
없앨 수 있고 신선도도
좋아진다. 굴튀김이나 굴전은
고소한 맛 때문에 아이들도 잘
먹고 무와 함께 담백하게 끓인
무국국도 거부감 갖지 않고 잘
먹는 편이다.

재료 굴 150g, 밀가루 ½컵, 빵가루 1컵, 달걀 1개,
굵은소금(씻기용) 조금, 식용유 적당량
레몬 소스 레몬 ½개, 황설탕 2큰술, 올리브유 1큰술,
후춧가루 조금

만들기

1 굴은 옅은 소금물에 흔들어 씻어 물기를
제거한다.

2 물기를 뺀 굴에 밀가루, 달걀, 빵가루 순으로
튀김옷을 입혀서 2분 정도 둔다.

3 오목한 팬에 식용유를 넣고 180℃로
달군 다음 튀김옷을 입힌 굴을 넣어
바삭하게 튀긴다.

4 레몬은 즙을 짜고 나머지 재료를 넣어
레몬 소스를 만든 다음 굴튀김에 곁들인다.

Tip
소금물에 굴을 씻으면
맛이 변하지 않아

굴은 소금물에 씻으면 불순물도 잘 떨어지
고 맛있는 맛도 빠져나가지 않는다. 굴을 끓
는 물에 살짝 데친 다음 튀김옷을 입혀 튀기
는 방법도 있다.

5세 이상

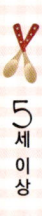

모시조개뭇국

모시조개의 담백하면서 깔끔한 맛과 무, 당근의 단맛이 잘 어우러진 국. 여기에 다시마의 감칠맛까지 더해져 별다른 양념을 하지 않아도 맛있다.

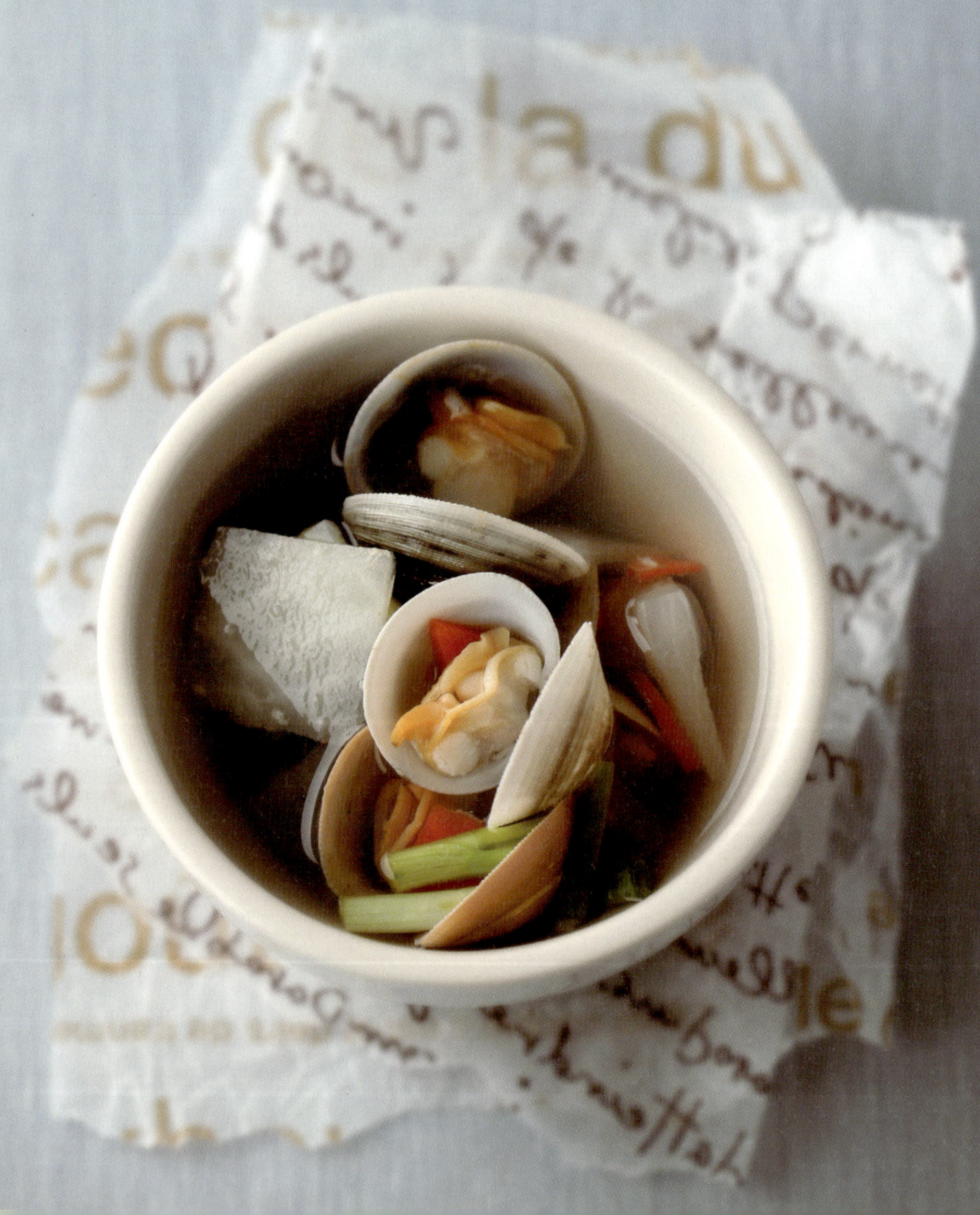

조개 육수만 잘 활용해도 다양한 건강 메뉴 탄생

모시조개나 바지락 같은 조개류에는 단백질은 물론 필수아미노산인 메티오닌과 타우린이 풍부하다. 조갯살은 질깃해서 아이들이 잘 안 먹는데, 대신 맑게 육수를 내서 다양한 국물 요리에 활용한다. 수프, 국 등에 육수로 활용하면 감칠맛도 좋고 국물 맛도 시원하다.

재료   모시조개 100g, 무(1cm) 1토막, 당근(2cm) 1토막,
쪽파 2줄기, 다시마(사방 5cm) 2장,
다진 마늘 ⅓작은술, 국간장 ½작은술,
굵은소금(해감용) ⅓작은술

만들기

1 모시조개는 바락바락 주물러 씻은 다음 옅은 소금물에 담가 해감을 토하게 한다.

2 무는 사방 2cm로 썰고, 당근도 같은 크기로 썬다. 쪽파는 다듬어 2cm 길이로 썬다.

3 찬물에 다시마를 넣고 30분간 우린 다음 끓인다. 거품이 나면 불을 끄고 다시마를 건진다.

4 다시마 국물이 끓으면 무와 모시조개를 넣어 끓이다가 당근을 넣는다.

5 모시조개가 입을 벌리면, 국간장을 넣고 끓이다가 다진 마늘을 넣어 한소끔 더 끓인 뒤 쪽파를 넣는다.

Tip

모시조개는 연한 소금물에 담가 해감해야 깔끔

아이들에게 속살을 뜯어 먹는 재미를 느끼게 하면서 조개의 맛과 친해지게 하는 것이 좋다. 그러려면 조개가 충분히 해감을 토하게 해야 하는데 연한 소금물에 담가두면 입을 벌려 토하게 된다.

엄 마 수 첩

세계적인 장수 식품, 요구르트

세계적인 장수 식품으로 꼽히는 요구르트는 유산균이 면역력을 키워주고 변비를 예방해줘 장 건강에도 좋다. 우유를 가공한 것이므로 단백질 함량도 높다. 요구르트는 우유가 발효되는 과정에서 유당이 분해되므로 우유를 소화 못 시키는 아이에게도 부담 없이 먹일 수 있다. 샐러드에 뿌려서 소스처럼 곁들여 먹인다.

요구르트소스파프리카무침

요구르트의 새콤달콤한 맛과 파프리카의 아삭하게 씹히는 맛이 잘 어울리는 반찬. 다양한 컬러의 파프리카를 넣어 아이의 시선을 확실하게 잡는다.

재료 붉은 파프리카 ⅓개, 노란 파프리카 ⅓개, 주황 파프리카 ⅓개, 피망 ⅓개, 굵은소금(절이기용) ⅓작은술
요구르트 소스 떠먹는 요구르트 ¼컵, 다진 양파 1큰술, 다진 파슬리 1작은술, 올리고당 ½큰술

만들기

1 파프리카와 피망은 씨를 제거하고 0.5cm 굵기로 채 썬다.

2 파프리카와 피망에 굵은소금을 넣어서 살짝 절인 다음 찬물에 헹궈서 물기를 꼭 짠다.

3 분량의 재료를 고루 섞어 요구르트 소스를 만든다.

4 파프리카와 피망에 요구르트 소스를 넣어 고루 무친다.

Tip
소금에 절인 파프리카는 물기를 꼭 짠다

파프리카는 소금에 푹 절여지지 않도록 주의하고, 절인 뒤엔 반드시 찬물에 헹궈 물기를 꼭 짜야 소스에 버무렸을 때 물이 흥건하게 생기지 않는다.

5세 이상

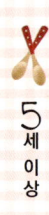

두부견과류조림

구운 두부를 견과류 넣고 만든 조림장으로 다시 한 번 조린 반찬. 두부를 구워 고소한 맛이 진하고 씹는 맛도 좋다.

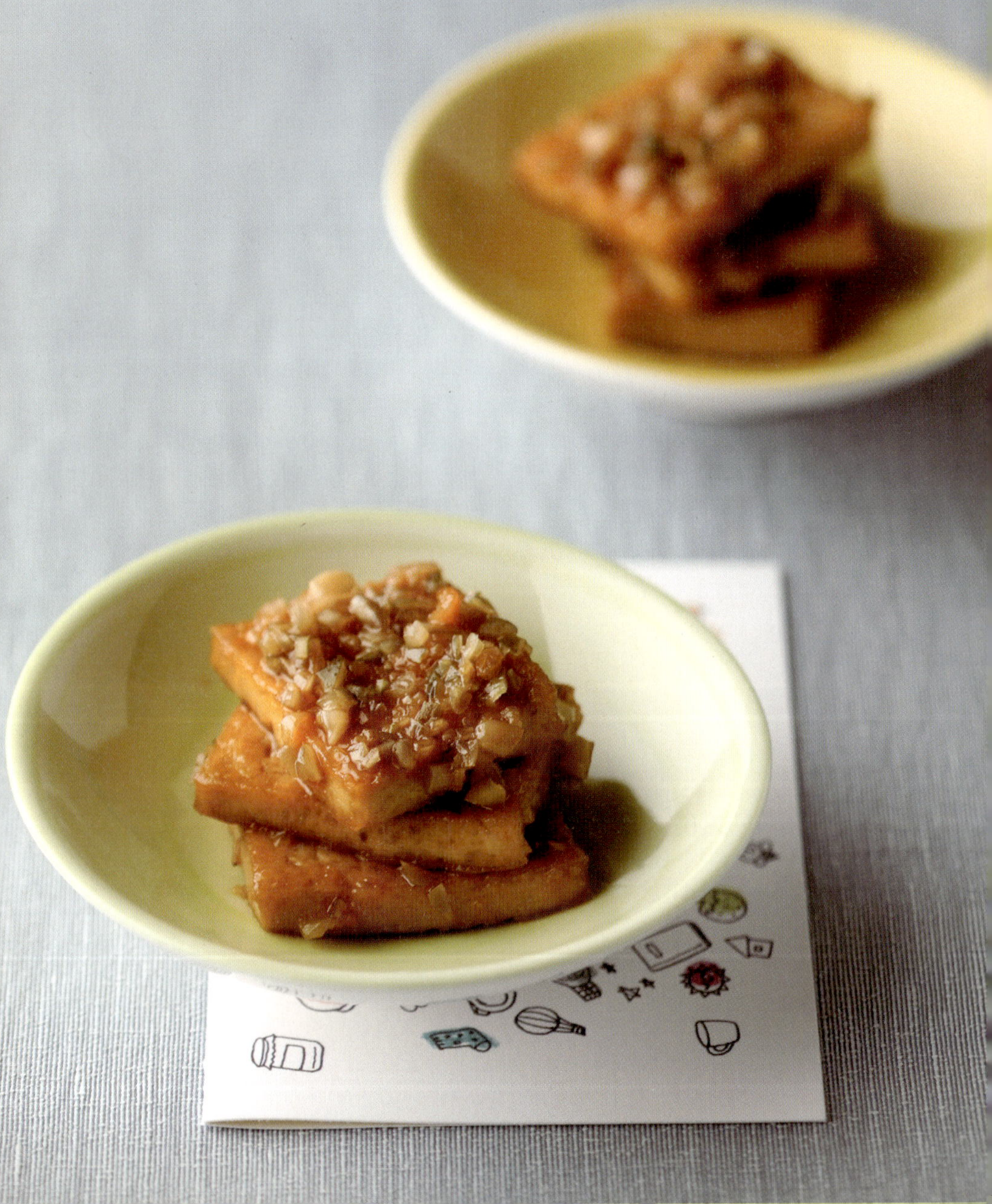

엄 마 수 첩

레시틴 풍부한
두부는 기억력을
좋게 해줘

식물성 단백질이 풍부한 콩으로
만든 두부에는 레시틴이 많다.
살이 쪄서 고기를 양껏 못
먹이는 아이라면 두부를 충분히
먹여서 단백질을 보충해주고
레시틴 공급에도 신경 쓰자. 단,
비만한 여자아이라면 콩 제품을
많이 먹일 경우 2차성징이
나타날 수 있으므로 양을
조절해서 적당히 먹이도록 한다.

재료 두부 ½모, 식용유 ½큰술
조림 간장 견과류(해바라기씨, 호박씨, 땅콩 등) 2큰술,
간장 ⅔큰술, 다진 마늘 ½작은술,
올리고당 1큰술, 후춧가루 조금, 물 ½컵

만들기

1 두부는 3×4cm로 도톰하게 썰어
키친타월로 가볍게 눌러 수분을 제거한다.

2 견과류는 사방 0.3cm로 잘게 썬 다음
나머지 재료를 모두 넣고 고루 섞어 조림
간장을 만든다.

3 달군 팬에 식용유를 두르고 두부를 넣어
앞뒤로 노릇하게 굽는다.

4 구운 두부에 조림 간장을 넣어 국물이
자작해지도록 조린다.

Tip
두부는
굽기 전 물기를 뺀다

두부의 수분을 제대로 닦지 않으면 구울 때
물이 튀고 표면이 울퉁불퉁해진다. 또 두부
를 굳히기 위해 넣는 간수는 염분이므로 물
에 잠시 담가 빼낸다.

1 2 3 4

꼬막살간장양념무침

미나리의 상큼한 맛과 꼬막살의 쫄깃한 맛이
좋은 반찬. 맵지 않게 조리하고 꼬막살을 잘게
썰어서 무치면 아이들이 먹기에 더 수월하다.

엄 마 수 첩

바지락보다
맛이 더 좋은 꼬막

꼬막살만 발라내 잘게 다지듯 썬 다음 양념하여 비빔밥이나 비빔국수의 고명으로 올리면 맛있다. 꼬막은 갯벌에서 캐낸 것으로 다른 조개에 비해 손질을 더 잘해야 한다. 손바닥으로 비벼가며 충분히 씻는 것이 무엇보다 중요하다. 또 삶아도 입을 벌리지 않는 꼬막은 상한 것이므로 버려야 한다.

재료
꼬막 200g, 미나리 6줄기, 다진 마늘 ⅓작은술, 간장 1작은술, 깨소금 1작은술, 참기름 ½작은술, 굵은소금(해감용) 적당량

만들기

1 꼬막은 바락바락 주물러 씻은 다음 옅은 소금물에 담가 해감을 토하게 한다.

2 끓는 물에 손질한 꼬막을 넣고 삶은 다음 살만 발라낸다.

3 꼬막살에 간장을 넣어 조물조물 무친다.

4 미나리는 줄기만 다듬어 끓는 물에 소금을 조금 넣어 파랗게 데친 다음 찬물에 담갔다가 물기를 꼭 짜 3cm 길이로 썬다.

5 볼에 꼬막살, 미나리, 마늘, 깨소금, 참기름을 넣어 무친다.

Tip

**해감이 잘되는
물의 양은?**

조개류를 해감할 때 물의 양은 조개가 충분히 잠길 정도면 적당하다. 보통 조개보다 물의 높이가 2cm 정도 높으면 해감이 잘된다.

땅콩우엉조림

아삭한 우엉을 잘게 썰어서 땅콩과 함께 조린 밥반찬이다.
땅콩에는 레시틴이, 우엉에는 식이섬유가 풍부해
어린이를 위한 건강 반찬으로도 손색없다.

엄 마 수 첩

변비 예방하고
면역력 키우는
우엉

대장의 기능이 좋지 않으면
면역력이 약해진다는 연구
결과가 있다. 우엉은 채소
중에서도 식이섬유가 많아 변비
예방은 물론 장운동을 활발하게
해준다. 곱게 채 썰어서 김밥 말
때 넣거나 색색의 파프리카와
함께 잡채로 만들면 쫄깃하게
씹히는 맛 때문에 아이들이 잘
먹는다. 곱게 다져서 주먹밥을
만들어 먹여도 좋다.

재료   생땅콩 ⅓컵, 우엉(10cm) 1토막,
식초 ½큰술, 통깨 1작은술
조림 간장 간장 1½큰술, 올리고당 1큰술,
설탕 ½작은술, 물 3컵
식촛물 물 1컵, 식초 1큰술

만들기

1   생땅콩을 냄비에 넣고 찬물을 적당량 부어
끓으면 물을 따라내고 씻어놓는다.

2   우엉은 껍질을 벗겨 사방 1cm로 자른 다음
식촛물에 담가둔다.

3   냄비에 삶은 땅콩, 우엉, 간장, 설탕, 물
3컵을 넣어서 국물이 없어지도록 끓인다.

4   땅콩과 우엉이 충분히 익었으면 올리고당을
넣고 조금 더 조린 다음 불을 끄고 통깨를
넣는다.

Tip

생땅콩은 삶아서
조리해야 떫지 않아

생땅콩은 물을 붓고 끓여서 첫 물을 버린다.
그러지 않으면 설사를 할 수 있고 맛도 떫다.
삶아서 조리면 고소한 맛을 느낄 수 있다.

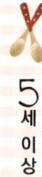

'바다의 우유' 굴, 무와 함께
먹이면 안심

'바다의 우유'라고 불릴 정도로 단백질이 풍부한 굴은 무와
궁합이 잘 맞는다. 무에 들어 있는 소화효소가 소화가 잘되도
록 돕기 때문에 함께 먹으면 위에 부담을 주지 않아 소화력이
약한 아이에게도 먹일 수 있다. 굴은 오래 익히면 육질이 단
단해지고 감칠맛도 떨어진다. 살짝만 익혀도 다 익으
므로 단단해지지 않도록 짧게 가열하는 게 맛있
게 먹는 비결이다.

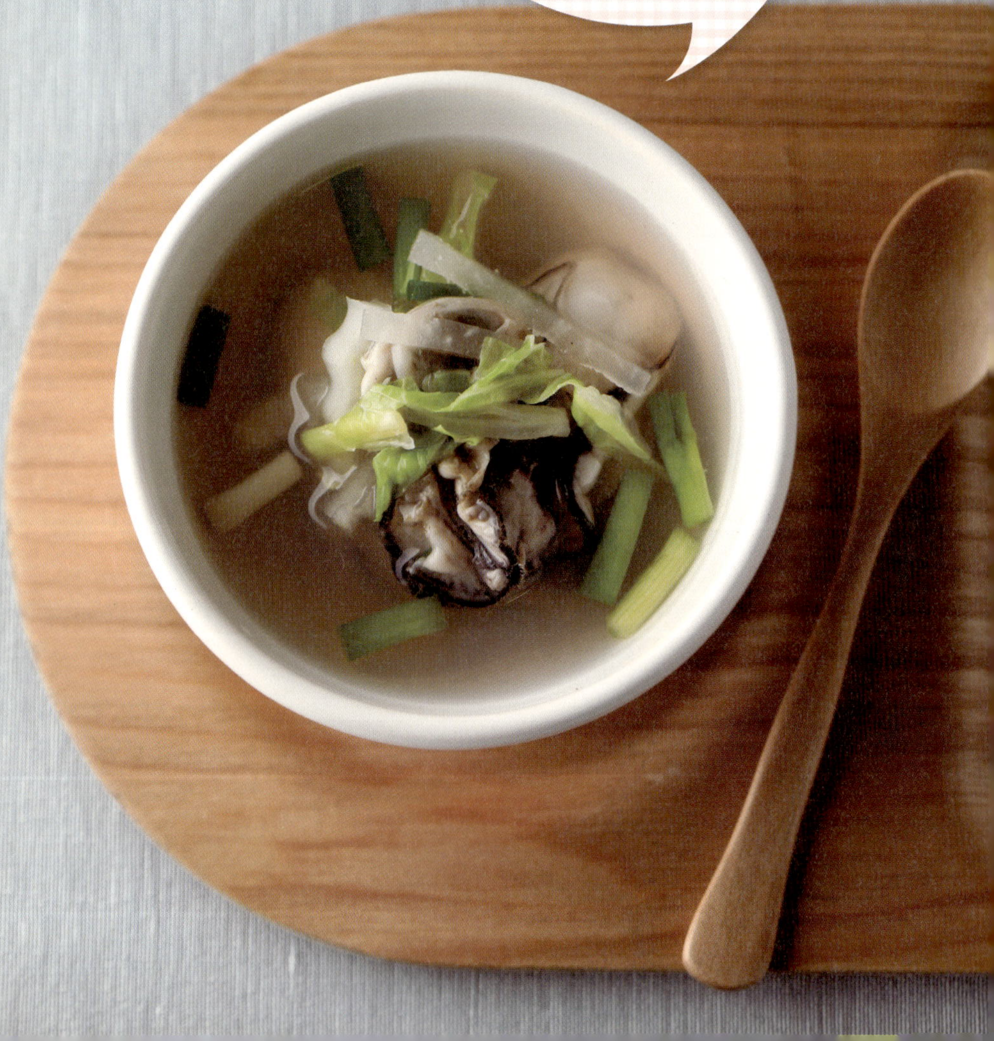

무굴국

무를 넣어 맑게 끓인 굴국으로 국물 맛이 시원하다.
감자, 당근, 양파, 양배추 등 다양한 채소를 넣으면 단맛이 돌기 때문에
아이들이 먹기 좋다.

재료 | 굴 100g, 쪽파 3줄기, 무(1cm) 1토막,
새우젓 국물 1작은술, 마늘 1쪽,
참기름 ¼작은술, 소금 ⅕작은술, 물 2컵,
굵은소금(씻기용) 조금

만들기

1 굴은 엷은 소금물에 씻어서 물기를 제거한다.

2 무는 4cm 길이로 곱게 채 썰고, 쪽파는 다듬어 3cm 길이로 썬다. 마늘은 채 썬다.

3 냄비에 무와 물 2컵을 넣어서 끓으면 굴을 넣고 끓인다.

4 굴국이 끓으면 쪽파, 마늘 채를 넣고 새우젓 국물과 소금 ⅕작은술을 넣어서 간을 맞춘다.

5 ④에 참기름을 넣고 한소끔 더 끓인다.

Tip

소량의 새우젓 국물로 간하면 더욱 감칠맛이 난다

굴국의 간을 새우젓 국물로 맞추면 국물 맛이 구수하고, 참기름을 약간 넣으면 새우젓 비린내가 감춰진다. 새우젓 국물은 소량만 넣어 심심한 맛이 나도록 조리한다.

얼갈이배추된장무침

얼갈이배추를 부드럽게 데쳐 된장으로 무친 반찬.
단맛이 적은 된장을 소량 넣고 깨소금과 참기름을
넣어 향을 더하면 밥반찬으로 잘 어울린다.

엄마수첩

식이섬유가
많은 배추와 발효 식품
된장의 조합

된장을 국이나 찌개에만 넣는
단조로운 조리법을 피해서
시금치나 배추를 데쳐서 된장
양념에 무쳐 고소한 나물로
만들거나, 짜지 않게 양념장으로
만들어 비빔밥에 넣거나 김밥 말
때 넣어도 아이가 잘 먹을 수
있다. 아이를 위해 나물을 무칠
때는 가능한 한 잘게 썰어
삼키다 목에 걸리지 않게 신경
쓴다.

재료   얼갈이배추 150g, 붉은 피망 ⅓개,
다진 마늘 ⅓작은술, 된장 ½큰술, 깨소금 1작은술,
참기름 ½작은술

만들기

1 얼갈이배추는 다듬어 끓는 물에 삶는다.

2 삶은 얼갈이배추는 씻어서 찬물에 잠시
담가 열기를 뺀다.

3 얼갈이배추가 식었으면 물기를 꼭 짠 다음
1cm 폭으로 썬다. 붉은 피망은 잘게 썬다.

4 볼에 얼갈이배추, 된장, 깨소금, 다진 마늘,
참기름을 넣어서 버무린 다음 붉은 피망을
고명으로 뿌린다.

Tip

**데친 얼갈이배추와
된장의 구수한 맛이 잘 어울려**

배추나물을 구수하고 부드럽게 맛을 내려
면 된장을 이용한다. 된장을 먹지 않는 아이
라면 된장을 조금 덜 넣고 참기름의 양을 늘
리면 된장의 향이 누그러진다.

7세 이상

청국장소스 양상추샐러드

부드럽고 달콤한 생크림과 조청을 넣은 청국장 소스를 곁들인 샐러드는 청국장의 강한 냄새와 맛이 누그러져 아이가 거부감 없이 잘 먹을 수 있다.

소아 비만 아이에게 적극 추천할 만한 청국장

청국장은 식이섬유가 풍부해 비만한 아이나 소아 당뇨가 있는 아이가 먹으면 좋다. 하지만 아이들은 고개를 돌릴 정도로 냄새가 역한 게 흠. 끓이지 말고 믹서에 갈아서 소스로 만든 뒤 상큼한 채소와 곁들이면 냄새를 줄일 수 있다. 청국장에 생크림을 넣으면 냄새가 거의 나지 않고 고소한 맛이 진해진다.

재료   양상추 3장, 붉은 파프리카 ⅓개, 주황 파프리카 ⅓개, 노란 파프리카 ⅓개, 셀러리 ¼대
청국장 소스 청국장 1작은술, 생크림 2큰술, 식초 ½큰술, 조청 1큰술, 매실청 ½큰술, 황설탕 ½큰술, 소금 ¼작은술

만들기

1   양상추는 흐르는 물에 씻어 찬물에 담가둔다.

2   양상추를 건져 물기를 털어낸 다음 먹기 좋게 자르거나 뜯어 키친타월 위에 올려서 냉장고에 차게 보관한다.

3   파프리카는 사방 0.5cm로 썰고, 셀러리는 겉껍질을 벗겨낸 다음 0.5cm 두께로 썬다.

4   청국장 소스 재료를 분량대로 준비해 믹서에 넣어 곱게 간다.

5   그릇에 양상추, 파프리카, 셀러리를 담고 청국장 소스를 뿌린다.

Tip

샐러드용 양상추는 차게 준비한다

양상추는 냉장고에서 30분 정도 보관했다가 쓰면 신선하고 아삭하게 씹히는 맛이 좋아진다. 겉잎이 축 늘어졌을 땐 얼음을 넣은 물에 담가두면 잎이 살아난다.

Part 2

롱다리 만들어주는
키 크는 반찬

아이가 한창 클 나이인데도 더디게 크면
은근히 걱정된다. 혹시 영양이 부족한 건
아닐까? 뭘 먹여야 쑥쑥 크지? 단백질이
풍부한 고기, 콩, 유제품 등이 키 성장에 도움을
주므로 매일 일정량을 꾸준히 먹인다.

· 체력 키우고 면역력 강화해주는 **소고기**
· 아이들이 유독 좋아하는 **닭고기**
· 소고기 못지않은 단백질 보충제 **돼지고기**
· 비만 아이 위한 단백질 **마른 새우**
· 칼로리와 지방은 적고 단백질은 풍부! **대구살**
· 칼슘 흡수 돕는 비타민 C의 결정체 **과일**
· 우유보다 10배가 많은 칼슘의 보고 **멸치**
· 달걀보다 더 파워풀! **메추리알**
· 5대 영양소가 골고루 **밤**
· 오메가3의 대표 **참치**
· 식이섬유 많아 장 건강 지켜주는 **무말랭이**
· 고단백 저지방 **오징어**
· 아이 위한 국물 요리에 두루 활용 **홍합**
· 닭고기의 풍미를 좋게 하는 **카레**
· 고기 못지않은 단백질 덩어리 **콩나물**
· 뼈 튼튼 키 쑥쑥 **표고버섯**

이렇게 먹이면 키가 잘 커요

≫ 순 살코기로 골라 먹인다

키 성장에 꼭 필요한 영양소는 단백질이다. 살코기와 콩, 두부 등에 함유된 질 좋은 단백질은 성장기 어린이의 세포 조직 발달을 돕고 정상적인 성장과 건강을 유지하도록 돕는다. 같은 양을 먹더라도 식물성보다는 동물성 단백질이 질적으로 우수하므로 소고기나 돼지고기, 닭고기 등의 고기를 먹이되 지방을 제거한 순 살코기를 골라 먹인다.

≫ 성장호르몬의 주성분은 불포화지방산

키가 크려면 성장호르몬 분비가 왕성해야 한다. 성장호르몬의 주성분은 불포화지방산으로 주로 땅콩, 호두, 아몬드, 잣 등의 견과류에 풍부하게 들어 있다. 견과류는 단백질은 적지만 필수아미노산이 많아서 단백질의 질을 높여주므로 고기 요리에 견과류를 곁들여서 함께 조리해 먹인다.

≫ 탄산음료와 인스턴트식품은 약골로 만들어

탄산음료와 인스턴트식품에 들어 있는 인 성분은 체내의 칼슘을 음식과 같이 흡수되는 칼슘과 결합하여 소변으로 배출시키기 때문에 뼈를 약하게 만들어 키 크는 것을 방해한다. 그러므로 탄산음료와 인스턴트식품은 자제시키는 게 좋다.

》 칼슘은 비타민 C와 함께!

뼈가 튼튼해야 키도 쑥쑥 잘 자란다. 뼈 건강에 관여하는
영양소는 칼슘으로 우유와 유제품, 두유 등에 풍부하다.
매일 한두 잔의 우유를 꾸준히 먹이는 게 좋고, 우유를 잘
소화하지 못하는 아이는 치즈, 요구르트 등의 유제품을
먹인다. 우유 대신 두유를 마시는 것도 칼슘 섭취를 돕는
방법. 우유나 유제품, 두유 등을 먹일 때 비타민 C가
풍부한 과일이나 채소를 함께 먹이면 흡수율을 높일 수
있다.

》 뼈에 자극을 주는 운동도 필수

키 크는 데는 운동도 빼놓을 수 없다. 요즘 아이들은
운동은커녕 활동량도 부족해 키 클 새가 없어 보인다.
먹기는 잘 먹지만 움직이지를 않아서 키는 안 크고 살만
찌는 비만아가 늘어나는 것도 이 때문이다. 일주일에
최소한 3일 이상, 하루에 1시간 정도는 운동하는 것이
좋다. 걷기, 달리기, 줄넘기, 수영 등은 뼈와 근육에 자극을
주기 때문에 키 크는 데 도움이 된다. 단, 매일 2~3시간씩
땀을 뻘뻘 흘리면서 하는 운동은 에너지를 지나치게
소비해서 오히려 성장에 방해가 되므로 지나치게 하는 건
금한다.

》 오후 10시 이전엔 잠자리에 드는 습관을 들인다

키에 좋다는 음식만 열심히 먹인다고 키가 클까? 물론
음식이 중요하지만 그에 못지않게 생활 습관도 중요하다.
그중에서 가장 신경 써야 할 부분이 수면 시간이다.
성장호르몬은 잠을 자는 동안 왕성하게 분비되는데, 밤
10시부터 새벽 2시 사이에 성장호르몬 분비가 가장
활발하다. 그러므로 최소한 10시 이전엔 잠자리에 들어
숙면을 취하도록 한다.

맛보다 영양!
꼭 챙겨 먹여야 할
영양소

단백질
주로 근육과 장기, 혈액을 만드는 데 쓰이며
성장기 아이에게 꼭 필요하다. 매일 빼놓지 않고
먹여야 하며, 동물성 단백질과 식물성 단백질을
고루 먹인다.

탄수화물
몸을 움직이는 데 필요한 에너지 공급원이며
근육을 유지하는 토대이기도 하다. 활동량이
많은 아이에겐 단백질 못지않게 중요하다.

지방
부족하면 성장에 장애가 생긴다. 특히 뇌세포의
60%를 구성할 정도로 중요하며 신경세포막의
기능을 정상으로 유지하는 데도 필요하다.

칼슘
뼈와 치아를 튼튼하게 하고 기억력과 집중력을
강화하는 역할을 한다. 우유, 치즈, 요구르트
같은 유제품을 간식으로 매일 챙겨 먹이면
필요한 양을 보충할 수 있다.

비타민
비타민 A는 면역력을 높이는 효과가 있으며
비타민 B군은 질병에 대한 저항력을 키워준다.
비타민 C는 면역력을 튼튼히 해주고 알레르기
예방에도 효과적. 비타민 D는 칼슘 흡수를
돕는다.

무기질
골격·치아·혈액의 균형, 심장박동을 조절하는
역할을 한다. 단조로운 식단을 피하고 음식을
골고루 먹어야 충분히 섭취할 수 있다.

소고기미역국

소고기미역국은 푹 끓이면 부드럽고 감칠맛이 진해 맛있다.
소고기는 기름이 적은 살코기를 사용하고 국간장의 양을
잘 조절해 짜지 않게 만든다.

체력 키우고 면역력 강하게 하는 소고기

소고기는 단백질과 철분,
비타민 B군 등이 풍부하여
체력을 보충해주고 면역력을
강화하는 효과가 있다.
콜레스테롤과 포화지방산이
많은 게 흠이지만, 양파와 함께
조리하면 보완할 수 있다.
양파는 익히면 단맛이 증가하고
부드러워 아이들도 잘 먹는다.
소고기와 양파를 잘게 썰어서
함께 볶으면 맛도 잘 어우러지고
영양도 보충할 수 있다.

재료 소고기 30g, 마른 미역 10g,
다진 마늘 ⅓작은술, 국간장 ½큰술,
참기름 1작은술, 물 3컵

만들기

1 미역은 찬물에 3분 정도 담갔다가 체에
밭쳐서 물기를 제거한다.

2 불린 미역은 1cm 폭으로 자른다.

3 소고기는 사방 1cm로 썰어 냄비에
참기름과 함께 볶는다.

4 소고기가 어느 정도 익으면 물을 붓고 2컵
정도로 줄도록 끓이다가 미역을 넣는다.

5 소고기와 미역이 부드럽게 익으면서 끓으면
마늘, 국간장을 넣고 한 번 더 끓인 다음
불을 끈다.

Tip

**소고기를 볶은 뒤 국을 끓이면
국물 맛이 더 고소해**

마른 미역을 너무 많이 불리면 미역 특유의
맛이 다 빠져나가 국을 끓여도 맛이 덜하다.
소고기는 잘게 썰어 참기름에 볶은 뒤 물을
붓고 끓이면 더 고소하다.

소고기불고기

기름기 없는 부위로 아이가 먹기 좋게 잘게 자른 후
버섯이나 비타민 C가 풍부한 파프리카 등의 채소를 넣어
영양의 균형을 맞춘다.

채소를 다양하게 먹일 수 있는 불고기

불고기는 아이들이 좋아하는 음식이라서 잘 안 먹는 채소를 함께 먹일 수 있는 기회로 활용하면 좋다. 양파를 갈아서 넣는다거나 버섯이나 당근 등의 채소를 형태를 알아보지 못하도록 잘게 다져 넣는 식으로 조리한다. 또 불고기는 약간 달게 양념하는 것이 맛있으므로 과일즙, 꿀, 아가베 시럽 등으로 단맛을 낸다.

재료 소고기(불고기용) 150g, 붉은 파프리카 ⅕개, 노란 파프리카 ⅕개, 당근 ⅙개, 양파 ¼개, 애느타리버섯 ⅕팩(20g), 대파 ⅙대
불고기 양념 간장 1⅓큰술, 설탕 ½큰술, 맛술 1큰술, 배즙 4큰술, 다진 마늘 ½작은술, 참기름 1작은술, 후춧가루 조금

만들기

1 소고기는 2cm 폭으로 썰어서 키친타월 위에 올려 핏물을 제거한다.

2 파프리카와 당근은 4cm 길이로 채 썰고 양파도 채 썬다. 버섯은 밑동을 제거해서 큰 것은 찢어둔다.

3 분량의 불고기 양념을 만들어두고, 대파는 어슷하게 썬다.

4 볼에 소고기와 불고기 양념을 넣어서 조물조물 섞은 다음 파프리카, 당근, 양파, 버섯을 넣어 버무린다.

5 달군 팬에 양념에 버무린 소고기를 넣어 볶다가 마지막에 대파를 넣는다.

Tip

배나 파인애플로 육질을 부드럽게

불고기는 고기의 누린내를 제거하고 육질이 부드러워지도록 손질하는 게 맛의 포인트다. 배나 파인애플을 갈아 넣고 양파를 갈아 넣으면 두 가지 모두 해결된다.

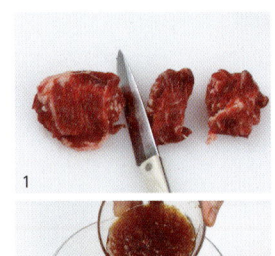

5
세
이
상

닭고기간장찜

아이들이 잘 먹지 않는 당근과 표고버섯을 곱게 갈아 넣은,
정성 가득한 고기반찬. 부드러운 양념과 곱게 간
채소의 맛이 닭고기에 배어들어 맛있다.

엄 마 수 첩

고기찜은 육질이 부드러워서 아이도 잘 먹는다

고기를 잘 안 먹으려고 하는 아이들의 대부분은 오랫동안 씹는 걸 싫어하는 경향이 있다. 고기가 질겨서 오래 씹어야 하거나 덩어리가 커서 한입 가득 물고 씹어 먹어야 하는 경우다. 아이가 고기를 잘 먹도록 하기 위해서는 부드러운 찜으로 만들어보는 것도 한 방법. 뭉근하게 만든 찜은 육질이 부드럽고 간도 속까지 고루 잘 배어들어 다른 조리법보다 더 맛있게 느껴진다.

재료　닭고기 ¼마리(250g), 감자(중간 크기) 1개, 마른 표고버섯 1장, 당근 ⅛개, 양파 ¼개, 대파 ⅛대
　　　닭고기 양념 참기름 ½작은술, 맛술 1큰술, 소금 ⅓작은술, 후춧가루 조금
　　　간장 양념 간장 2큰술, 설탕 1작은술, 다진 마늘 ½작은술, 올리고당 1큰술, 물 1컵

만들기

1 닭고기는 지방을 제거해 사방 3cm 크기로 썰어서 찬물에 담가 핏물을 제거한다.

2 손질한 닭고기를 끓는 물에 삶아 분량의 닭고기 양념을 넣고 버무려 10분간 재워둔다.

3 감자는 사방 3cm 크기로 썰어서 모서리를 제거하고 찬물에 담가둔다. 마른 표고버섯은 불린 다음 잘게 썰고, 당근, 양파, 대파도 잘게 썰어서 믹서에 곱게 간다.

4 양념에 잰 닭고기에 ③을 넣고 잘 섞는다.

5 냄비에 ④의 닭, 간장 양념을 넣고 끓이다가 감자를 넣어서 자작하게 조린다.

Tip

닭고기는 끓는 물에 데치면 누린내가 사라져

닭고기를 찬물에 10분 정도 담갔다가 끓는 물에 데치면 닭고기 특유의 누린내가 가신다. 마른 표고버섯은 충분히 불려야 곱게 갈 수 있다.

간장돼지고기불고기

사과즙을 넣어 달콤하면서도 부드러운 고기 맛이 입맛을 돋운다. 사과가 돼지고기의 누린내를 없애주고 육질도 연하게 해 먹기에도 좋다.

돼지고기는
삶거나 찌는 게
소화가 잘돼

단백질은 근육 형성에 도움을
주기 때문에 한창 크는 시기엔
소고기든 돼지고기든 다양한
조리법으로 요리해 맛보게 한다.
돼지고기는 몸속에 쌓인
중금속이나 미세 먼지를
배출하는 해독 효과가 있어
조리법에 따라서 건강 요리로도
손색없다. 가장 좋은 조리법은
삶거나 찌는 것으로 이렇게 하면
육질이 부드럽고 소화도 잘된다.

재료　　돼지고기(불고기용) 200g, 당근 ⅓개, 양파 ⅓개,
　　　　마른 표고버섯 1장, 대파 ¼대
　　　　돼지불고기 양념 간장 1½큰술, 설탕 ½큰술, 사과즙
　　　　5큰술, 생강즙 ½작은술, 다진 마늘 ½큰술, 참기름
　　　　½큰술, 깨소금 1큰술, 후춧가루 ⅓작은술, 물 ¼컵

만들기

1 돼지고기는 키친타월이나 깨끗한 면 보에
올려 핏물을 제거한다.

2 돼지고기에 양념을 넣어 15분 정도 재운다.

3 당근은 반달 모양으로 썰고 양파는 채 썬다.
표고버섯은 뜨거운 물에 불린 다음 채 썬다.

4 달군 팬에 양념에 재운 돼지고기를 볶다가
양파, 당근, 버섯, 대파를 넣어서 숨이
죽도록 볶는다.

Tip

키친타월에 돼지고기를
올려 핏물을 뺀 뒤 조리

돼지고기는 얇게 저민 불고기용으로 구입
하여 키친타월 위에 올려두어 핏물을 빼면
양념이 더 잘 배어들고 누린내가 나지 않고
맛있다.

1

2

3

4

애호박새우볶음

애호박을 볶으면 담백하면서 단맛이 나서
아이들도 비교적 잘 먹는데, 마른 새우를 넣으면
고소한 맛이 더해져 더욱 맛있다.

엄마수첩

비만 아이를 위한 단백질 식품, 마른 새우

마른 새우는 키토산이 다량 함유되어 있는데, 키토산은 콜레스테롤을 낮추고 지방을 흡착하는 역할을 한다. 또 단백질이 풍부하고 지방은 적어서 비만한 아이의 단백질 보충 식품으로 적당하다. 곱게 갈아서 각종 요리에 양념으로 활용하는 방법이 있고 기름을 넉넉히 두르고 튀기듯 볶아서 고소한 밥반찬으로 준비하는 방법이 있다.

재료 애호박 ¼개, 마른 새우 10g, 다진 마늘 ⅓작은술, 참기름 ½작은술, 깨소금 1작은술, 식용유 1큰술, 굵은소금(절이기용) ¼작은술, 물 2큰술

만들기

1 애호박은 0.3cm 두께의 반달 모양으로 썰어서 소금 ¼작은술을 뿌려 살짝 절인다.

2 절인 애호박은 씻어서 키친타월에 올려서 물기를 제거한다.

3 마른 새우는 달군 팬에 식용유를 두르고 바삭하게 볶은 뒤 접시에 옮겨 담아 식힌다.

4 ③의 팬에 식용유 1작은술을 넣고 마늘을 볶다가 절인 애호박, 물을 넣어 볶는다.

5 애호박이 다 익었으면 볶아놓은 마른 새우를 넣어 섞듯이 볶은 다음 불을 끄고 깨소금과 참기름을 넣는다.

Tip

호박과 새우는 각각 볶는다

애호박과 마른 새우는 익는 시간이 다르므로 각각 볶은 뒤 섞는다. 애호박은 열에 의해 쉽게 물러지므로 미리 소금으로 약하게 절인 다음 볶으면 아삭한 맛을 다소 유지할 수 있다.

3
세
이
상

엄 마 수 첩

칼로리와 지방은 적고
단백질은 풍부한 대구살

대구는 칼로리와 지방이 적어 맛이 깔끔하고 담백하다.
DHA도 많이 함유되어 있어서 두뇌 발달에 좋다. 아픈 아
이에게 대구살을 넣고 끓인 죽을 먹이면 기력 회복에
도움이 된다. 또 팬에 노릇하게 구워서 스테이크로
만들 수도 있고 달걀옷을 입힌 고소한 전으로
만드는 방법도 있다.

대구살엿장조림

대구살은 맛이 담백하고 지방이 없다.
부드럽고 비린내가 없지만 자칫 살이 부서지기 쉬우므로
조리할 때 많이 뒤적이지 않는다.

재료 대구살 150g, 통마늘 2쪽, 생강 ¼쪽, 대파 ⅛대
밑 양념 맛술 ½큰술, 참기름 ⅓작은술
조림 양념 간장 1½큰술, 조청 1½큰술, 물 ½컵

만들기

1 대구살은 2cm로 썰어서 밑 양념을 넣고
10분간 재운다.

2 통마늘과 생강은 편으로 썰고,
대파는 2cm로 썬다.

3 냄비에 마늘, 생강, 대파, 간장, 조청,
물을 넣고 끓인다.

4 ③에 손질한 대구살을 넣어서 국물이
자작해지도록 조린다.

Tip

**국물을 끼얹으며 조려야
간이 고루 배들어**

대구살은 쉽게 부스러지기 때문에 조림장에
조청을 처음부터 넣고 끓여야 살이 부서지지
않는다. 조청을 넣은 뒤엔 뒤적이지 말고 숟가
락으로 국물을 끼얹어가며 간이 고루 배게 조
리는 것이 맛내기 비결.

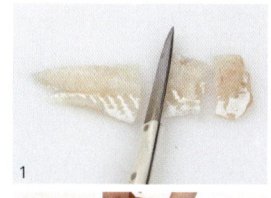

모둠과일샐러드

과일을 편식하는 아이라면 모둠 과일을 준비해 좋아하는
소스를 뿌려 샐러드로 만들어 먹인다. 과일은 냉장고에 넣어
차게 해두었다가 샐러드를 만들어 먹어야 맛있다.

비타민 C는
칼슘 흡수를 도와

체내에 칼슘이 잘 흡수되도록
하기 위해서는 비타민 C도
충분히 섭취해야 한다. 그러기
위해서는 다양한 종류의 과일
섭취도 매우 중요하다. 비타민 C
함량이 높은 과일은 딸기,
오렌지, 키위, 레몬 등.
이 중에서도 키위는 비타민 C가
오렌지의 두 배, 식이섬유는
바나나의 다섯 배나 많다.
과일은 식사 사이사이 조금씩
간식으로 먹이되 하루에 최소한
두세 가지 과일을 번갈아가며
먹인다.

재료 딸기 4개, 키위 1개, 사과 ¼개, 황설탕 1작은술,
식초 ½큰술
마요네즈허니 소스 마요네즈 1½큰술,
레몬즙 1작은술, 꿀 1큰술, 다진 파슬리 1작은술
식촛물 물 1컵, 식초 ½큰술

만들기

1 딸기는 씻어 식촛물에 3분 정도 담가둔다.

2 딸기는 물기를 제거하고 꼭지를 떼어낸 다음
도톰하게 썰고, 키위는 껍질을 벗겨 사방
2cm 크기로 썬다.

3 사과는 껍질을 벗겨 사방 2cm로 썰어서
설탕물에 담갔다가 물기를 제거한다.

4 분량의 재료를 고루 섞어 소스를 만들어
과일과 버무린다.

Tip

딸기를 식촛물에 담그면
당도가 높아져

딸기는 흐르는 물에 씻어야 농약이나 불순
물이 깨끗하게 씻긴다. 마지막에 식초를 떨
어뜨린 물에 잠시 담가두면 당도가 높아지
고 살균 효과도 있어 일석이조다.

잔멸치잣볶음

칼슘이 풍부한 멸치는 아이들에게 자주 먹여야 할 식품이지만 짠 게 흠이다. 흐르는 물에 씻어 짠맛을 뺀 뒤 볶는다.

우유보다
10배가 많은
칼슘의 보고, 멸치

칼슘 대왕 멸치는 아이가 꼭
먹어야 할 식품이지만 짠맛이
강한 게 문제. 짜고 비린내가
나서 아이들도 잘 안 먹으려고
하는데, 충분히 씻어 염분을 뺀
뒤 볶을 땐 굳이 간장이나 소금
간을 안 해도 된다. 물에 씻어
짠맛을 완전히 뺀 뒤 튀기듯이
볶아 설탕을 뿌리면
고소하면서도 아삭거리는
멸치과자가 된다.

재료   잔멸치 20g, 잣 1큰술, 참기름 ⅓작은술,
       통깨 ½작은술, 포도씨유 2큰술
       볶음 간장 간장 ½작은술, 다진 마늘 ½작은술,
       설탕 ½작은술, 맛술 1큰술, 올리고당 1½큰술

만들기

1 잔멸치는 물을 부어 헹군 다음 물기를
제거한다.

2 달군 팬에 포도씨유를 두른 다음 멸치를
넣어 바삭하게 볶아서 키친타월 위에 올려
기름을 뺀다.

3 멸치 볶은 팬에 올리고당을 제외한
볶음 간장 재료를 넣어 자작하게 조리다가
올리고당을 넣는다.

4 ③에 볶아둔 멸치와 잣을 넣어서 잘 섞은
다음 불을 끄고 참기름, 통깨를 넣어서
섞는다.

Tip

멸치 비린내
안 나게 하려면

잔멸치는 씻어도 비린 맛이 덜 나지만 되도
록 잘 마른 멸치를 구입하는 것이 좋고 씻은
다음엔 충분히 물기를 제거하여 볶는다.

표고버섯메추리알조림

마른 표고버섯을 불린 물을 조림장에
사용하면 감칠맛이 더해져 좋다.
불린 표고버섯도 잘게 썰어 조림장에 넣어
맛과 향을 더한다.

달걀보다
더 파워풀!
메추리알

메추리알은 달걀과 비슷한
영양을 함유하고 있지만
달걀에 비해 콜레스테롤이 높은
편이다. 비타민 A·B1·B12,
레시틴은 오히려 달걀보다 많은
양이 들어 있다.
메추리알은 탱글탱글하고
고소해 아이들이 좋아하는데,
조림 반찬 이외에도 삶아서
으깬 뒤 샌드위치 소나 샐러드에
넣어도 좋다.

재료   메추리알 12개, 마른 표고버섯 1장,
소금 ½작은술, 물 2컵
조림 간장 간장 1½큰술, 설탕 ½작은술,
버섯 국물 ¼컵, 조청 1큰술

만들기

1 표고버섯은 찬물에 헹군 다음 뜨거운 물
¼컵을 넣어서 부드럽게 불린다.

2 냄비에 물 2컵과 소금을 넣고 메추리알을
넣어 끓기 시작할 때부터 8분간 삶는다.

3 삶은 메추리알은 찬물에 담가 식힌 다음
껍질을 벗긴다.

4 냄비에 간장과 설탕, 버섯 국물, 메추리알을
넣고 자작하게 조리다가 조청을 넣는다.

5 불린 표고버섯을 2cm 크기로 썰어
메추리알조림에 넣고 한 번 더 조린 다음
불을 끈다.

Tip

메추리알은 센 불에서
재빨리 조린다

메추리알을 조림장으로 조릴 때 자작하게
조려야 속까지 간이 잘 밴다. 삶은 메추리알
표면에 한두 군데 칼집을 넣으면 간이 잘 배
어들고 조리 시간도 줄일 수 있다.

밤검은깨조림

밤, 검은깨, 닭고기의 조합이 영양 만점인 반찬이다.
조림 국물을 밥에 넣고 비빈 다음 구운 김을 부숴 넣어
주먹밥을 만들어 먹여도 잘 먹는다.

5대 영양소가 골고루~ 밤

밤은 5대 영양소는 물론 비타민 A와 C, 철분까지 함유한 영양 덩어리이다. 밤 하나만 먹여도 성장 발육에 필요한 거의 모든 영양소를 고루 챙겨 먹이는 셈. 아프고 난 뒤 밤으로 죽을 끓여 먹이면 입맛을 돋게 하고 체력을 보충할 수 있다. 평소엔 밤을 잘게 썰어서 밥 지을 때도 넣거나 삶은 밤을 간식으로 먹인다.

재료　밤 6개, 닭고기 안심 2조각, 검은깨 1작은술, 참기름 ⅓작은술
조림 간장 간장 ½큰술, 조청 1큰술, 물 1컵

만들기

1 밤은 껍질을 까서 4등분한다.

2 밤을 찬물에 담가 겉에 묻은 녹말 성분을 제거한다.

3 닭고기 안심은 사방 1cm 크기로 썰어서 참기름을 넣어 밑간한다.

4 냄비에 닭고기 안심, 밤, 간장, 물을 넣어 끓이다가 밤이 익었으면 조청을 넣어서 자작하게 조린다.

5 ④의 재료가 다 조려졌으면 마지막에 검은깨를 넣고 불을 끈다.

Tip

닭고기 안심에 참기름을 발라 조리면 부서지지 않아

닭고기 안심은 기름이 없고 살이 잘 부스러진다. 참기름을 넣어서 밑간한 뒤 조릴 때 자주 뒤적이지 않아야 모양이 부서지지 않고 잘 유지된다.

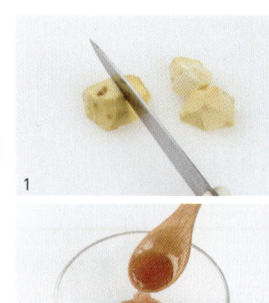

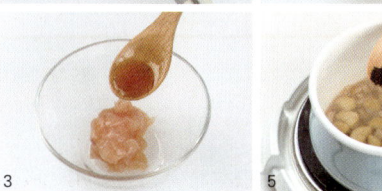

참치강정

흔히 회로 먹는 냉동 참치살로 강정을 만들면 고소하면서 부드럽다. 달걀과 녹말가루를 섞어 튀김옷을 입히면 바삭한 맛이 진해 먹기에도 좋다.

오메가3의 대표,
참치

참치는 단백질, 비타민, 오메가3 등의 영양은 풍부한 반면, 지방은 적다. DHA도 풍부해서 기억력과 집중력 향상에 효과적이다. 냉동 참치보다는 통조림 참치가 더 대중적이지만 통조림 참치는 첨가물이 많이 들어가 있으므로 가능하면 냉동 참치로 요리해 먹인다. 구이나 전 등으로 만들면 고소한 맛에 아이도 잘 먹는다.

재료　냉동 참치살 100g, 달걀 1개, 녹말가루 4큰술,
　　　소금 ½작은술, 물 2컵, 식용유 적당량
　　　참치 양념 참기름 ⅓작은술, 맛술 1작은술,
　　　소금 ⅓작은술, 후춧가루 조금
　　　소스 간장 1큰술, 다진 마늘 ½작은술,
　　　올리고당 1큰술, 황설탕 1작은술, 식초 1작은술,
　　　물 2큰술

만들기

1 냉동 참치살은 찬물 2컵에 넣고 소금 ½작은술을 넣어서 5분간 해동한 다음 물기를 제거한다.

2 해동한 참치살은 1×2cm 크기로 썰어 분량의 참치 양념을 넣어서 재운다.

3 참치에 달걀을 섞은 뒤 녹말가루를 넣고 다시 한 번 고루 섞는다. 튀김옷 입힌 참치를 180℃로 달군 식용유에 바삭하게 2번 튀긴 다음 식힌다.

4 팬에 소스 재료를 넣어 걸쭉하게 끓인 다음 차게 식혀서 참치튀김에 넣어 버무린다.

Tip

냉동 참치 해동은
소금물로

소금물에 냉동 참치살을 담가 반 정도 해동한 후 키친타월에 싸 냉장고에 넣어 완전 해동하면 영양 성분은 물론 맛도 빠지지 않는다.

1
2
3
4

무말랭이무침

무말랭이는 칼슘, 철분, 식이섬유가 무보다 월등히 많고
비타민 D도 풍부해 아이들 뼈 성장에 좋다.
게다가 무에는 소화를 돕는 효소도 들어 있다.

식이섬유가 많아 장 건강 지켜주는 무말랭이

식이섬유, 칼슘, 칼륨이 풍부한 무말랭이는 꼬들꼬들 씹는 맛이 좋아서 저절로 밥맛을 돌게 한다. 무말랭이는 소화효소와 식이섬유가 많아서 밥반찬으로 꾸준히 먹으면 변비를 없애고 장도 튼튼하게 관리할 수 있다. 김치를 싫어하는 아이라면 무말랭이무침을 맵지 않게 양념해서 김치 대용으로 먹여도 좋다.

재료 무말랭이 20g, 다진 마늘 ½작은술, 고춧가루 ½큰술, 깨소금 1작은술
무침 양념 간장 1½큰술, 올리고당 1큰술, 설탕 ½작은술, 맛술 ½큰술, 물 2큰술

만들기

1 무말랭이는 찬물에 10분간 담가둔다.

2 무말랭이가 부드러워지면 바락바락 주물러 여러 번 헹군 다음 물기를 꼭 짜서 2cm 길이로 자른다.

3 냄비에 무침 양념 재료를 넣어 국물이 걸쭉해지도록 끓인 다음 식힌다.

4 무말랭이에 고춧가루를 넣어서 버무려두었다가 ③의 양념을 넣어서 조물조물 무친다.

5 무말랭이에 간이 배면 마늘, 깨소금을 넣어서 무친다.

Tip

무말랭이는 불린 뒤 주물러 씻어야

무말랭이는 불려서 바락바락 주물러야 아린 맛이 빠진다. 불리는 시간은 말린 정도에 따라 달리한다. 고춧가루를 넣고 버무려 물을 들인 다음 수분을 최대한 없애서 양념에 무쳐야 맛있다.

7
세
이상

고단백 저지방 식품, 오징어

오징어는 단백질은 풍부하고 지방은 적으며, 두뇌 발달에 좋은 DHA도 풍부하다. 껍질은 소화가 잘 안되므로 아이에게 먹일 때는 가능하면 껍질을 벗겨서 조리한다. 오징어는 오래 데치면 육질이 질겨지므로 짧은 시간에 데친다. 오징어를 잘게 다져서 동그랑땡을 만들거나 튀김옷을 입혀 바삭한 튀김으로 만들면 아이가 좋아한다.

오징어간장볶음

오징어와 다양한 채소를 간장 양념으로 볶은 반찬으로 약간 달콤하면서 채소의 아삭하게 씹히는 맛이 좋다. 오징어 대신 주꾸미, 낙지로 만들어도 된다.

재료 오징어 ½마리, 양파 ¼개, 붉은 피망 ¼개, 대파 ⅛대, 셀러리 ¼대, 포도씨유 ½큰술
볶음 양념 간장 1큰술, 다진 마늘 ½작은술, 다진 파 ½큰술, 설탕 ½큰술, 깨소금 1작은술, 참기름 ½작은술, 후춧가루 조금

만들기

1 오징어는 내장을 제거한 다음 배 쪽에 잔 칼집을 넣어 1.5×3cm로 자른다.

2 양파는 3cm 길이로 굵게 채 썰고, 피망도 같은 길이로 채 썬다. 대파와 셀러리는 어슷하게 썬다.

3 분량의 재료를 고루 섞어 볶음 양념을 만들어놓는다.

4 달군 팬에 포도씨유를 둘러 오징어를 볶다가 볶음 양념을 넣는다. 오징어가 양념과 어우러져 다 익으면 ②의 채소를 넣어 한 번 더 볶는다.

Tip

오징어는 센 불에서 재빨리 볶아야 부드러워

오징어는 너무 오래 볶으면 질겨져 아이들이 씹기에 불편하다. 오징어에 양념을 넣고 센 불에서 재빨리 볶아야 질기지 않고 부드럽다.

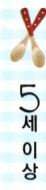
5세
이상

홍합살아몬드튀김

홍합살의 감칠맛과 아몬드의 고소한 맛이 잘 어울리는 튀김으로 토마토케첩, 오리엔탈 소스, 레몬 소스 등을 곁들이면 또 다른 맛의 세계를 경험할 수 있다.

홍합, 아이 위한 국물 요리에 두루 활용

홍합은 오장을 보호해주고 몸이 허해서 마를 때 먹으면 좋다고 알려져 있을 만큼 단백질, 칼슘, 인, 철분, 엽산, 비타민 A·B12·D 등의 영양소가 고루 들어 있다. 익히면 살이 부드러워 아이에게 먹이기 적당한데, 살을 빼 먹는 재미에 아이도 좋아한다. 미역국, 북엇국, 수제비, 칼국수 등에 넣거나 살만 발라내서 조림 반찬으로 만들어도 된다. 토마토소스와 함께 스파게티에 넣어도 굿.

재료 홍합살 100g, 아몬드 2큰술, 달걀 1개, 밀가루 ⅓컵, 빵가루 1컵, 다진 파슬리 ½큰술, 우유 2큰술, 식용유 적당량, 굵은소금(씻기용) ½작은술, 물 2컵
홍합 양념 맛술 1작은술, 참기름 ⅓작은술

만들기

1 홍합살의 수염을 제거하여 물 2컵에 소금 ½작은술을 넣어 흔들어 씻은 다음 물기를 제거한다.

2 빵가루에 우유를 넣어서 촉촉하게 만들어놓는다. 아몬드는 잘게 다져서 빵가루, 다진 파슬리와 섞어 튀김옷을 만든다.

3 홍합살에 맛술과 참기름을 넣어서 밑간한 다음 밀가루를 묻힌다.

4 달걀을 풀어 밀가루 묻힌 홍합살을 담갔다가 ②의 튀김 가루에 넣어서 튀김옷을 입힌다.

5 180℃로 달군 식용유에 튀김옷 입힌 홍합살을 넣어 바삭하게 튀긴 다음 키친타월에 올려 기름을 뺀다.

Tip

싱싱한 홍합을 준비하는 것이 중요

홍합은 제철이 아닐 때는 아예 조리하지 말고 제철일 때도 냄새나 모양을 살핀 후 산다. 쿰쿰한 냄새가 나지 않아야 하고 살이 너무 늘어져 있으면 오래된 것이므로 피한다.

5
세
이
상

소고기장조림

소고기장조림 하나 맛있게 만들어놓으면 활용할
아이디어가 많다. 다져서 주먹밥에 쏘옥 박아도 되고
결대로 찢어 두부조림 위에 얹어도 맛있다.

소고기장조림은 짜지 않게 만든다

소고기장조림은 아이가 잘 먹는 밑반찬이지만 한 번에 많은 양을 만들면 보관 기간이 길어져서 간을 짜게 맞춘다. 아이가 먹을 것을 감안해서 3~4일 정도 먹을 분량만 짜지 않게 만든다. 소고기분만 아니라 돼지고기나 닭고기로도 장조림을 만들 수 있다. 돼지고기나 닭고기로 만든 장조림은 소고기보다 육질이 부드러워서 아이가 먹기엔 더 낫다.

재료　소고기(홍두깨살) 200g, 물 4컵
　　　향채 마늘 2쪽, 대파 ⅙대, 양파 ⅓개,
　　　통후추 ½작은술
　　　조림 간장 간장 1½큰술, 설탕 ½작은술,
　　　올리고당 1½큰술

만들기

1 소고기는 7cm 길이로 토막 낸 다음 찬물에 담가 핏물을 제거하고 끓는 물에 데친다.

2 냄비에 물 4컵과 향채를 넣어 끓이다가 데친 소고기를 넣어 40분간 삶는다.

3 삶은 고기는 건져서 먹기 좋게 찢고, 삶은 물은 체에 밭쳐 육수를 받아놓는다.

4 육수에 고기를 넣고 간장, 설탕을 넣어 끓이다가 올리고당을 넣고 좀 더 끓인다.

Tip

소고기를 삶은 뒤 조려야 질기지 않다

소고기는 핏물을 뺀 뒤 데치면 불순물이 제거되고 누린내도 안 난다. 또 미리 충분히 삶아서 질기지 않게 준비한 다음 간장 양념을 넣고 조려야 부드럽다.

5세 이상

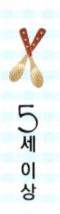

닭날개조림

닭고기는 아이들이 좋아하는 음식 중 하나.
닭날개를 윤기 나게 조리면 간식이나 반찬으로 두루 어울려
일석이조. 짜거나 달지 않게 만드는 것이 중요하다.

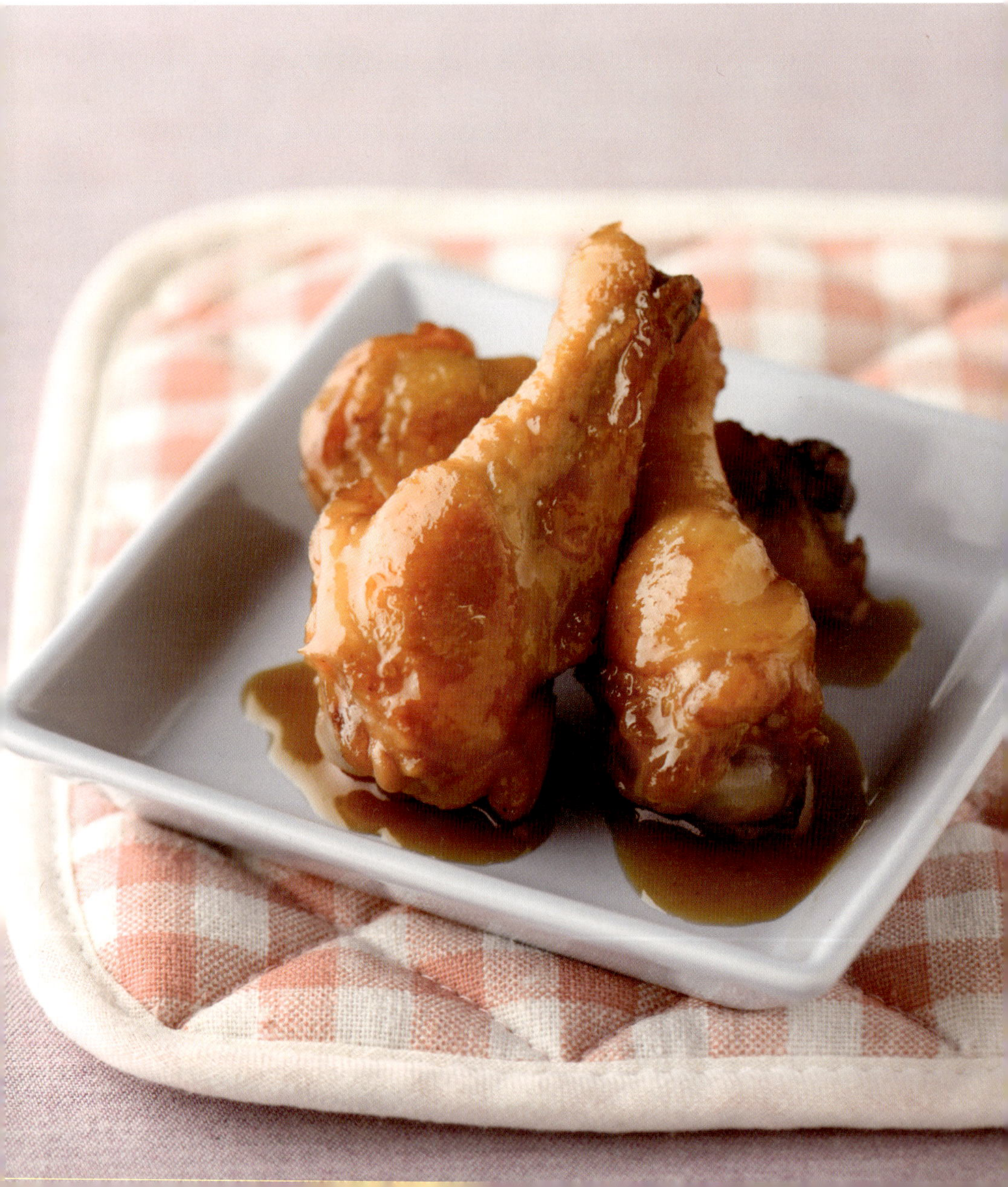

아이 위한 단골 재료, 닭날개

손으로 하나씩 들고 살을 발라
먹는 재미까지 있는 닭날개는
육질이 적당히 쫄깃하면서
부드러워 아이도 잘 먹는다.
간장 양념을 넣고 조리는 방법이
일반적이지만 토마토케첩을
넣고 새콤달콤하게 조리는 것도
아이들 메뉴로 적당하다. 또
오븐에 구우면 기름기는 쏙
빠지고 고소한 맛은 더욱 살아나
맛이 일품이다.

재료 닭날개 6개
닭 양념 맛술 ½큰술, 참기름 ⅓작은술
조림 간장 간장 1⅓큰술, 설탕 1작은술,
올리고당 1큰술, 물 1컵

만들기

1 닭날개는 찬물에 10분 정도 담가
핏물을 뺀다.

2 닭날개의 물기를 제거한 다음 닭 양념에
5분 정도 재운다.

3 달군 팬에 기름을 두르지 말고 양념에 잰
닭날개를 넣어서 노릇하게 굽는다.

4 팬에 조림 간장을 넣어서 바글바글 끓으면
양념한 닭날개를 넣어서 속까지 익도록
조리고 국물이 자작해지면 불을 끈다.

Tip

조리기 전 팬에 구워 기름을 뺀다

닭날개에 맛술과 참기름을 넣어서 밑간을 하
면 비린내가 없어지고 고소한 맛을 더할 수
있다. 조리기 전 팬에 구워 기름을 빼면 조림
을 한 뒤에도 기름이 겉돌지 않아 깔끔하다.

닭다리살카레조림

닭다리살은 쫄깃한 맛이 좋아서 아이들이
특히 잘 먹는 부위다. 여기에 향긋한 카레와 부드러운
생크림을 더해서 맛과 향이 부드럽고 풍부하다.

닭고기의 풍미를 좋게 하는 카레

닭고기와 카레는 아이들이
좋아하는 재료. 닭고기 요리에
카레를 넣으면 매콤한 카레 향과
더불어 시각적으로도 식욕을
돋우는 효과가 있다. 카레의
주성분은 강황으로 이는
노란색을 띠는 커큐민이라는
성분으로 이루어져 있다.
커큐민은 항암 효과와 기억력을
향상시키는 효과가 있다고 알려져
있다. 카레에 우유나 생크림을
섞으면 맛이 좀 더 부드러워진다.

재료 닭다리살 100g, 우유 ½컵
닭 양념 다진 마늘 ⅓작은술, 참기름 ⅓작은술, 맛술
1작은술
카레조림 소스 카레 가루 ⅔큰술, 조청 2큰술,
물 1½컵

만들기

1 닭다리살은 사방 3cm로 썰어서 우유에
10분간 담가둔다.

2 닭다리살의 물기를 제거한 다음 닭 양념에
10분간 재운다.

3 분량의 재료를 고루 섞어 카레조림 소스를
만든다.

4 팬에 카레조림 소스를 넣어 끓이다가
양념한 닭을 넣고 국물이 거의 없어지도록
조린다.

Tip

**닭고기는 우유에 담가
누린내를 제거**

닭고기는 손질한 후 우유에 담가두면 육질
이 부드러워지고 누린내도 나지 않는다. 다
른 재료를 끓인 뒤 카레 소스는 나중에 넣어
야 맛있는 육즙이 빠져나오지 않는다.

소고기갈비찜

갈비를 뜯는 동안 뇌 속에서 세로토닌이라는 행복 물질이
분비된다고 한다. 밑 손질을 잘해 육질은 부드럽고 속살까지
간이 잘 배도록 양념 배합에 신경 쓴다.

소고기는 발육에 필요한 라이신이 풍부

육질이 부드러워 많이 씹지 않아도 입안에서 녹는 부드럽고 고소한 갈비찜. 소고기는 단백질, 철분은 물론 성장에 필요한 필수아미노산이 풍부하다. 특히 발육에 꼭 필요한 라이신이 많다. 갈비찜을 할 때는 기름기를 말끔히 떼어낸 뒤 조리하고 밤, 은행, 대추, 당근, 무 등의 채소를 다양하게 넣어 영양의 균형을 맞춘다.

재료 소갈비 300g, 무(2cm) ½토막, 당근 ¼개, 브로콜리 ⅙개, 마른 표고버섯 1장, 꿀 1큰술, 참기름 1작은술, 물 5컵
향채 마늘 2쪽, 양파 ⅛개, 대파 ⅛대, 통후추 ½작은술
찜 양념 간장 2큰술, 설탕 1작은술, 다진 마늘 1작은술, 생강즙 ½작은술, 맛술 1큰술

만들기

1 갈비는 3cm 폭으로 토막 낸 다음 손질하여 잔 칼집을 넣어서 찬물에 30분 동안 담가 핏물을 제거한 뒤 끓는 물에 넣어 5분 정도 데친다.

2 냄비에 물 5컵과 향채를 넣고 끓으면 데친 갈비를 넣어 센 불에서 끓인다.

3 무, 당근은 사방 3cm 크기로 썰어서 모서리를 잘라낸다. 브로콜리는 사방 2cm로 잘라 데친다. 마른 표고버섯은 뜨거운 물에 불려서 큰 것은 4등분한다.

4 ②의 갈비의 국물 양이 ⅓로 줄면, 고기는 건지고 육수는 체에 걸러서 냄비에 붓는다.

5 ④의 국물에 고기와 찜 양념을 넣고 끓이다가 무, 당근, 표고버섯을 넣어서 끓인다.

6 국물이 자작해지면 꿀을 넣어서 한 번 더 끓이고 마지막에 데쳐놓은 브로콜리, 참기름을 넣어서 섞는다.

Tip

갈비를 데쳐 지방과 누린내를 제거

갈비를 삶기 전에 뜨거운 물에 데쳐내면, 불순물이나 지방 등 좋지 않은 성분이 제거되고 육즙이 빠져나가는 것을 막아 훨씬 맛있고 누린내 없는 갈비찜을 만들 수 있다.

닭고기볶음탕

고춧가루 대신 붉은 파프리카를 넣어서 맵지 않게 만든
아이용 밥반찬이다. 단맛이 돌고 뒷맛은 개운해서
아이들도 잘 먹는다.

채소와 함께
더욱 푸짐하게!

소고기나 돼지고기는 먹지 않는
아이도 닭고기를 좋아하는
경우가 많다. 매콤하게 조리한
닭볶음탕과는 달리 간장을 넣고
국물이 자작하도록 조리하면
밥을 비벼 먹기에도 적당하고,
고기도 부드러워 국물과
건더기를 고루 먹일 수 있다.
당근, 양파, 감자, 고구마, 단호박
등 비타민이 풍부한 채소를 고루
넣어 조리하면 부족한 영양도
채울 수 있다.

재료　닭고기 ¼마리(250g), 당근 ½개,
　　　감자(중간 크기) 1개, 양파 ¼개, 물 2½컵
　　　닭 양념 참기름 1작은술, 소금 ½작은술,
　　　맛술 1큰술, 후춧가루 ⅓작은술
　　　볶음 양념 간장 2큰술, 고춧가루 ½큰술,
　　　토마토케첩 2큰술, 붉은 파프리카즙 ½개 분량,
　　　황설탕 ½큰술, 올리고당 2큰술,
　　　다진 마늘 1작은술, 깨소금 1큰술

만들기

1 닭고기를 손질해 사방 5cm로 썰어서
찬물에 담가 핏물을 뺀다. 닭 양념에 10분간
재워둔다.

2 기름을 두르지 않은 팬에 양념에 잰 닭을
넣어서 노릇하게 굽는다.

3 당근, 감자를 사방 4cm 크기로 썰어
모서리를 다듬은 다음 감자는 찬물에
담가둔다. 양파도 감자와 같은 크기로 썬다.

4 볶음 양념 재료를 분량대로 준비해 모두
섞어놓는다.

5 냄비에 구운 닭고기와 물 2½컵을 넣고
끓인다. 물이 ⅓로 줄면 감자, 당근, 나머지
양념을 넣고 자작하게 조린다. 마지막에
양파를 넣는다.

Tip
채소의 모서리를 다듬어야
국물이 탁해지지 않는다

감자, 당근 등의 채소는 모서리 부분이 금방
익기 때문에 조리하는 동안 부서져서 국물
이 탁해지고 지저분해진다. 칼로 모서리를
도려내 다듬은 뒤 조리한다.

콩나물게살무침

꽃게의 살을 콩나물, 채소와 같이 무치면
콩나물의 아삭한 맛과 게살의 단맛이 잘 어울린다.
생꽃게를 쪄 살을 발라 바로 무쳐도 맛있다.

고기 못지않은 단백질 덩어리, 콩나물

'콩나물을 먹으면 키가 큰다'는 말이 있는데, 콩나물의 원료가 콩인 점을 감안하면 지극히 당연한 말이다. 참깨를 듬뿍 넣고 무친 반찬이나 오이, 당근, 게살 등을 넣고 새콤하게 무친 냉채, 북어와 함께 끓인 콩나물국, 양념장에 쓱쓱 비빈 콩나물밥 등은 아이들이 모두 잘 먹는 메뉴. 4세 이하 아이에겐 콩나물 길이를 반으로 잘라 먹이면 목에 걸릴 염려가 없다.

재료   냉동 게살 100g, 콩나물 100g, 양파 ⅓개, 피망 ¼개, 굵은소금(데치기용) 조금
        무침 양념 간장 ½작은술, 참기름 ½작은술, 깨소금 ½작은술, 다진 마늘 ⅙작은술, 다시마 국물 ½큰술

만들기

1 콩나물은 찬물에 5분간 담갔다가 끓는 물에 삶는다.

2 삶은 콩나물은 차게 식혀서 2cm 길이로 자른다.

3 냉동 게살은 미리 실온에서 해동한 후 결대로 찢고, 양파와 피망은 3cm 길이로 곱게 채 썰어 달구어진 팬에 넣어 함께 볶는다.

4 볼에 분량의 양념 재료를 넣어서 섞은 다음 콩나물, 게살, 양파, 피망을 넣고 무친다.

Tip

콩나물을 삶을 때는…

콩나물은 삶기 전 물에 씻어 헹군 후 잠시 물에 담가두는 것이 좋은데 불순물을 없애고 아삭한 맛을 더할 수 있기 때문.

1

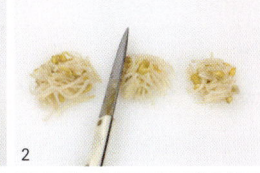

2

3

4

나 세 이 상

모둠버섯떡잡채

각종 채소와 버섯, 가래떡으로 만든 떡잡채는
맵거나 자극적이지 않아서 아이들이 잘 먹고,
다양한 재료를 맛보게 할 수 있다. 다진 소고기를 넣으면
거의 모든 영양소가 한 접시 안에 담겨 있다.

**뼈 튼튼 키 쑥쑥,
표고버섯**

버섯류 중에서도 마른
표고버섯은 비타민 D가
풍부해서 칼슘의 흡수를
돕는다. 한마디로 칼슘과 함께
섭취하면 뼈가 튼튼해지고 키
쑥쑥 키워주는 식품인 셈. 마른
표고버섯은 잘게 썰어서 잡채나
비빔밥 등에 넣는다. 버섯을
싫어하는 아이에겐 잘게 다진 뒤
역시 다진 소고기를 함께 넣고
볶아서 주먹밥을 만들거나
꼬마김밥 등에 넣어서 먹인다.

재료   가래떡(12cm) 1토막, 새송이버섯 ½개,
        느타리버섯 2개, 마른 표고버섯 1장, 양파 ⅓개,
        당근(1cm) 1토막, 대파 ⅙대
        잡채 양념 간장 1½큰술, 다진 마늘 ⅓작은술,
        설탕 ½큰술, 깨소금 1작은술, 후춧가루 조금,
        물 ½컵

만들기

1 가래떡은 4cm 길이로 썰어 4등분한 다음
       찬물에 담가둔다.

2 마른 표고버섯은 찬물에 헹궈 뜨거운 물에
       불린 다음 사방 1cm로 썰고, 새송이버섯과
       느타리버섯도 같은 크기로 썬다. 양파와
       당근은 1cm로 채 썬다. 대파는 어슷하게
       썬다.

3 분량의 재료를 고루 섞어 잡채 양념을
       만든다.

4 팬에 잡채 양념을 넣어 끓이다가 가래떡,
       버섯, 채소를 넣은 뒤 양념이 거의 다
       졸아들도록 볶는다.

Tip

마른 표고버섯은
뜨거운 물에 불려야

마른 표고버섯은 뜨거운 물에 담가두면 빠
른 시간에 부드럽게 불릴 수 있다. 미지근한
물에 설탕을 조금 넣고 불리는 방법도 있다.

Part 3

컬러로 건강 지키는
피토케미컬 반찬

식물은 다양한 색, 맛, 냄새를 지니고 있는데
그중에서도 다양한 색을 내는 색소에는 서로 다른 영양
성분이 들어 있다. 식물이 지닌 고유의 색소는 몸속에
흡수되어 면역력을 향상시키는 역할을 하기 때문에
최근 주목받고 있다. 그래서 피토케미컬은 식이섬유에
이어 제7의 영양소로 불리기도 한다.

· 위와 장을 튼튼하게 **무**
· 필수아미노산인 라이신이 풍부 **양배추**
· 변비 예방과 장 건강에 최고 **사과**
· 레몬에 버금가는 비타민 C **연근**
· 혈관을 튼튼하게 하는 **토마토**
· 항산화 성분 안토시아닌이 가득 **가지**
· 철분이 많아 빈혈 예방해주는 **비트**
· 칼륨이 많아 몸속 염분을 제거 **자색고구마**
· 피부가 거칠고 저항력이 약할 때 **당근**
· 감기에 대한 저항력을 길러주는 **단호박**
· 채소류의 보석 **파프리카**
· 발육이 늦은 아이에겐 **근대**
· 비타민 A가 많아 시력에 좋은 **시금치**
· 감기 예방하고 피부 튼튼하게 하는 **브로콜리**
· 불포화지방산이 풍부한 **검은콩**
· 입 짧은 아이의 식욕을 돋우는 고소한 향 **김**

영양이 제각각! 다양한 컬러 푸드

》 흰색

주로 알리신, 이소플라보노이드, 안토크산틴 등이 포함된 식품으로 배, 양파, 흰콩, 버섯, 참깨, 마늘, 무, 감자 등이 대표적이다. 알리신은 주로 마늘에 들어 있고 살균 및 항균 효과가 있다. 이소플라보노이드는 콩에 함유된 성분으로 여성호르몬인 에스트로겐 역할을 한다. 안토크산틴은 감자 등에 많이 들어 있는 성분.

》 노란색 & 주황색

카로틴, 루테인, 플라보노이드, 커큐민 등의 색소가 많이 들어 있는 식품으로 오렌지, 고구마, 당근, 주황 파프리카, 카레 등이 해당한다. 면역력을 높여주고 항암 작용을 하며 모세혈관을 튼튼하게 해준다. 혈액순환을 잘되게 하는 효과도 있다. 주로 지용성으로 기름에 볶아 먹거나 기름과 같이 먹는 것이 좋다.

》 붉은색 & 보라색

붉은색은 리코펜, 캡사이신 성분의 컬러로 토마토, 피망, 붉은 고추에 들어 있다. 리코펜은 항산화 성분으로 지용성이기 때문에 기름에 볶으면 흡수율이 더 높아진다. 보라색을 띠는 안토시아닌 색소는 블루베리, 가지, 적양배추, 자색고구마 등에 풍부하다. 수용성이며 항산화 작용, 혈액순환 개선에 도움을 준다.

》 파란색 & 녹색

클로로필이 풍부한 시금치, 브로콜리, 오이, 미나리, 키위, 케일 등의 식품으로 신진대사를 활발하게 하며 피로를 풀어주고 노화를 억제한다. 체내에 쌓이는 독소를 몸 밖으로 배출하며 항암 효과가 뛰어나다. 주로 수용성이므로 데칠 때도 살짝만 데치고 소스에 찍어 먹거나 무쳐 먹으면 좋다.

》 검은색

검은색은 안토시아닌 색소로 검은깨, 검은콩, 김, 미역, 다시마, 표고버섯 등의 식품이 속한다. 검은색 식품에는 셀레늄, 레시틴, 비타민, 무기질이 풍부하고 항산화 성분과 항암 및 노화 방지 효과가 있다. 대부분 잘 익혀서 먹거나 충분히 조리해서 먹는 것이 좋다.

밥 잘 안 먹을 땐, 이렇게!

채소라면 질색한다
한 번에 채소를 많이 먹이지 말고 아이가 좋아하는 음식에 아주 조금씩 섞어 반응을 살피면서 먹인다. 또 채소가 왜 좋은지, 어떤 맛인지 등에 관해 설명해주고 조리 과정에 아이를 참여시키면 조금씩 나아진다.

밥보다 간식을 입에 달고 산다
밥과 간식은 정해진 시간에 일정하게 주어야 한다. 간식은 요기가 되지 않는 것으로 주되, 너무 달거나 자극적인 것은 피한다. 밥은 아이가 좋아하는 음식 중심으로 식단을 짠다. 아이가 밥을 먹지 않았다고 해서 칼로리 높은 간식을 주면 다음 식사 때 다시 밥을 안 먹는 일이 반복되므로 이 또한 피한다.

단것을 너무 좋아한다
단맛은 설탕보다 조청이나 꿀 등으로 대체하고, 향이 좋거나 신맛이 나는 음식과 같이 먹여 서서히 줄인다. 단맛은 단기간에 끊기보다는 시간을 두고 천천히 줄여야 달지 않은 맛에 적응시킬 수 있다.

국에 말아 먹으려고만 한다
밥이 너무 고슬거려 씹기 불편한 경우에 많이 보이는 모습이다. 아이가 잘 먹는 밥의 정도를 파악하는 것이 중요하다. 국은 간을 싱겁게 하고 국물보다는 건더기의 양이 많도록 신경 써서 담는다.

밥보다 국수를 좋아한다
국수는 씹지 않아도 후루룩 잘 넘어가기 때문에 아이들이 잘 먹는다. 요즘엔 밀가루가 아닌 쌀 100%로 만든 국수도 나오므로 이런 국수로 음식을 만들어주고 밥과 면을 섞어서 요리한다. 밥의 모양을 다양하게 조리해서 아이로 하여금 잘 먹을 수 있도록 유도하는 것도 필요하다.

무깍두기

무는 나물로 볶거나 생채를 담가도 맛있지만 아삭한 맛을 살려
심심하게 깍두기로 담그면 아이들이 잘 먹는다.
아이들 먹기 좋은 크기로 자잘하게 자른다.

무는 위와 장을
튼튼하게 한다

무에 소화효소가 들어 있다는
것은 누구나 다 아는 상식이다.
이유식을 시작하면서 잘 먹지
못하고 특정 음식만 좋아하는
아이들 중에 위와 장이 약한
경우가 많다.
무에 든 소화효소는 소화를
돕는 여러 작용을 하고 장의
노폐물도 정리한다.
깍두기 외에 조림, 전, 쌈 등으로
다양하게 응용해 식탁에 자주
올린다.

재료   무(3cm) 1토막, 미나리 3줄기, 붉은 파프리카 ½개,
마늘 1쪽, 생강 ¼쪽, 고춧가루 ½큰술,
새우젓 ½큰술, 굵은소금 ⅔작은술
식촛물 물 1컵, 식초 ½큰술

만들기

1 무는 껍질을 벗겨 사방 1cm로 썬다.

2 무를 볼에 넣어 소금 ½작은술을 넣고
15분간 절인 다음 헹궈서 물기를 제거한다.

3 미나리는 다듬어 식촛물에 5분 정도
담갔다가 1cm 길이로 썬다.

4 믹서에 잘게 썬 파프리카, 새우젓, 마늘,
생강을 갈아서 볼에 담고 고춧가루를 넣어
10분간 둔다.

5 무에 ④의 양념과 나머지 소금을 넣어 고루
버무린 다음 미나리를 넣어 섞는다.

Tip

**무깍두기에 미나리 넣으면
향이 좋아져**

미나리를 약간 넣으면 미나리 향이 돌
아 시원하면서 맛있다. 향에 민감한 아
이라면 많이 넣지 않는다. 미나리는 항
균 작용도 한다.

양배추 오징어볶음

양배추는 데치거나 기름에 볶으면 단맛이 돌고 부드러워 아이용 반찬에 다양하게 활용할 수 있다. 오징어, 소고기, 마른 새우 등과 함께 볶으면 맛과 영양 모두 챙길 수 있다.

양배추에는
필수아미노산인
라이신이 많아

양배추에는 성장에 필요한
필수아미노산인 라이신이 많다.
생으로 먹을 수 있고 익혀도
맛있는 양배추는 비타민과
미네랄, 식이섬유도 풍부하다.
양배추에 들어 있는 비타민 K는
아기의 두개골 내출혈을 막는
작용을 하므로 임신 초부터
임산부가 지속적으로 먹으면
좋고 출산 후 수유 기간에도
장복하면 좋다. 양배추는 익혀도
영양 성분이 많이 파괴되지 않는
게 장점.

재료
오징어 ½마리, 양배추 잎 2장, 피망 ⅓개 ,
다진 마늘 ⅓작은술, 깨소금 1작은술,
참기름 ½작은술, 굵은소금(절이기용) ⅓작은술,
식용유 ½큰술

만들기

1 오징어는 내장을 제거하고 껍질을 벗겨
0.5×3cm로 채 썬다.

2 양배추는 1×3cm 크기로 채 썰어 소금
⅓작은술을 넣고 절인 다음 헹궈 물기를
제거한다. 피망은 씨를 제거해 3cm로 채
썬다.

3 달군 팬에 식용유를 두르고 마늘을 볶다가
채 썬 오징어를 넣어 볶는다.

4 오징어가 익으면 양배추를 넣어 볶다가 불을
끄고 깨소금, 참기름, 피망을 넣는다.

Tip

양배추는 들어보아
묵직한 것이 좋아

양배추는 들어보아 묵직한 것이 달고 맛있
다. 반이나 여러 조각으로 잘라놓은 것 보다
는 통으로 사서 다양하게 조리해 먹는 것이
영양 손실을 피하는 방법.

사과물김치

아삭하고 달콤한 사과로 담근 어린이용 물김치.
고춧가루를 사용하지 않고 식초로 맛을 내 맵지 않고
시원하기 때문에 국물도 잘 먹을 수 있다.

엄 마 수 첩

변비와 설사가
심할 때 곱게 간 사과를
먹인다

사과에 들어 있는 펙틴이라는
식물성 섬유질은 수분을
흡수하면 잘 엉기는 성질이
있다. 이 성질로 인해 사과로
잼을 만들면 잘 엉긴다. 펙틴
성분은 장내에서 유산균과 같은
유익한 세균이 번식하는 것을
도와 장을 튼튼하게 한다.
사과를 조리할 때는 껍질째 하는
것이 좋은데 펙틴이 껍질에 더
많이 들어 있기 때문이다.

재료　　　사과(중간 크기) ¼개, 오이 ⅓개, 미나리 2줄기,
　　　　　쪽파 1줄기, 생강 ¼쪽, 식초 ½큰술,
　　　　　굵은소금 ½작은술, 물 1½컵

만들기

1 사과는 씨를 제거한 다음 사방 2cm로
얄팍하고 네모지게 썬다.

2 오이는 씻어 사과와 같은 크기로 썰고,
미나리와 쪽파는 2cm 길이, 생강은 편으로
썬다.

3 볼에 물, 식초, 굵은소금을 넣어 고루 섞어
김치 국물을 만든다.

4 김치 국물에 사과, 오이, 미나리, 쪽파,
생강을 넣고 고루 섞는다.

Tip

물김치에 식초를 넣어
곧장 먹을 수 있어

만들어 곧장 먹을 수 있는 물김치. 식초로
신맛을 더해서 아이들이 싫어하는 풋내를
누그러뜨리면 사과와 오이의 아삭한 맛과
미나리의 향이 더해져 잘 먹는다.

엄마수첩

연근에는 레몬에 필적할 정도의 비타민 C가 들어 있어

연근에 비타민이 많이 들어 있는 것을 모르는 사람이 많다. 연근을 맛있게 조리해 자주 상에 올려 아이들 입맛에 익숙하게 하면 겨울철 감기 예방에도 도움이 된다. 연근에는 타닌 성분이 풍부해 소염 작용을 하고 점막 조직의 염증을 가라앉혀준다. 코뼈가 코의 점막을 눌러 코피를 자주 흘리는 아이라면 연근을 이용한 음식을 자주 상에 올린다.

연근조림

밑반찬 없을 때 만들어두면 며칠간 든든한 연근조림.
피를 맑게 해주는 연근조림은 자칫 짜게 되기 쉬우므로
간 조절에 신경 쓴다.

재료　연근 ½개(100g), 통깨 1작은술
　　　조림 양념 간장 2큰술, 설탕 1작은술,
　　　올리고당 3큰술, 물 3컵
　　　식촛물 물 1컵, 식초 1작은술

만들기

1 연근은 껍질을 벗겨 0.2cm 두께로 얇게
썰어서 찬물에 헹군다.

2 연근은 식촛물에 담가둔다.

3 냄비에 물을 적당량 붓고 바글바글 끓으면
연근을 데쳐 물기를 뺀다.

4 냄비에 데친 연근을 넣고 올리고당을
제외한 분량의 조림 양념을 넣어 중간
불에서 끓인다.

5 조림 국물이 거의 없어지면 올리고당을 넣고
조금 더 조린 다음 불을 끄고 통깨를 뿌린다.

Tip
껍질 벗긴 연근은
식촛물에 담가둬야

연근과 우엉은 껍질을 벗긴 채로 공기 중에
노출되면 금세 갈색으로 변한다. 식촛물에
담가두면 이를 방지할 수 있다. 식촛물은 물
1컵과 식초 1작은술의 비율이면 적당.

토마토치즈샐러드

토마토의 붉은색은 라이코펜이라는 색소로 항산화·항암 효과가 있다. 치즈와 궁합이 잘 맞고 지용성이기 때문에 살짝 볶거나 오일 소스를 곁들이면 좋다.

토마토는 혈관을 튼튼하게 해준다

토마토에 대한 호불호는 아이마다 참 다르다. 샌드위치에 넣은 토마토는 먹지 않는 아이도 토마토소스로 만든 스파게티는 잘 먹는 경우도 있다. 또 토마토주스는 잘 마시면서 생토마토를 먹지 않는 경우도 허다하다. 토마토는 루틴 성분이 많아 혈관을 튼튼하게 하고 고기나 생선을 먹고 소화를 잘 시키지 못하는 아이들이 식사 후 디저트로 먹으면 좋다.

재료 토마토(작은 것) 2개, 생 모차렐라 치즈 ½개, 바질 잎 4장, 올리브유 2큰술, 통후추 간 것 조금, 굵은소금 ⅙작은술

만들기

1 토마토는 반달 모양으로 썰고 소금을 고루 뿌린다.

2 생 모차렐라 치즈는 0.5cm 두께로 썬다.

3 소금 뿌린 토마토는 키친타월에 올려 수분을 제거한다.

4 토마토와 치즈를 한 겹씩 깔고 바질을 곁들인 뒤 통후추 간 것과 올리브유를 뿌린다.

Tip

토마토는 붉은색이 진하게 돌아야

토마토는 단단하면서 붉은색이 돌아야 잘 익어 당도도 높다. 두껍게 썰면 먹기 힘들므로 얄팍하게 썰고 방울토마토로 대신해도 된다.

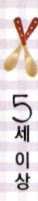

5세 이상

가지새우말이

가지를 길쭉하게 저며 구운 후 구운 새우를 넣어 돌돌 만 음식. 모양이 예쁘고 맛이 좋은 데다 한 개씩 들고 먹기에도 좋다.

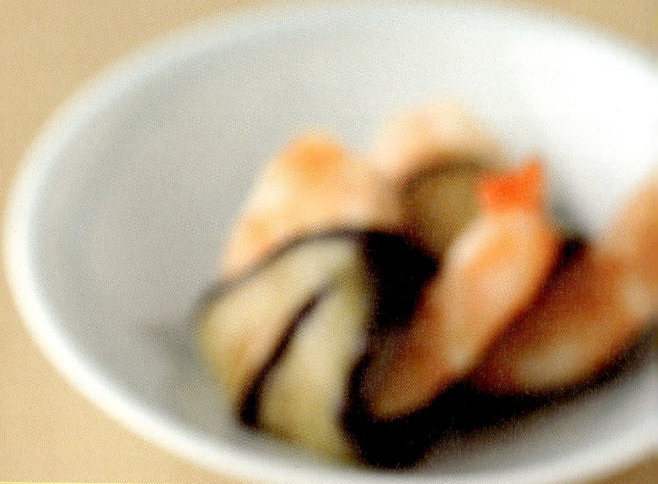

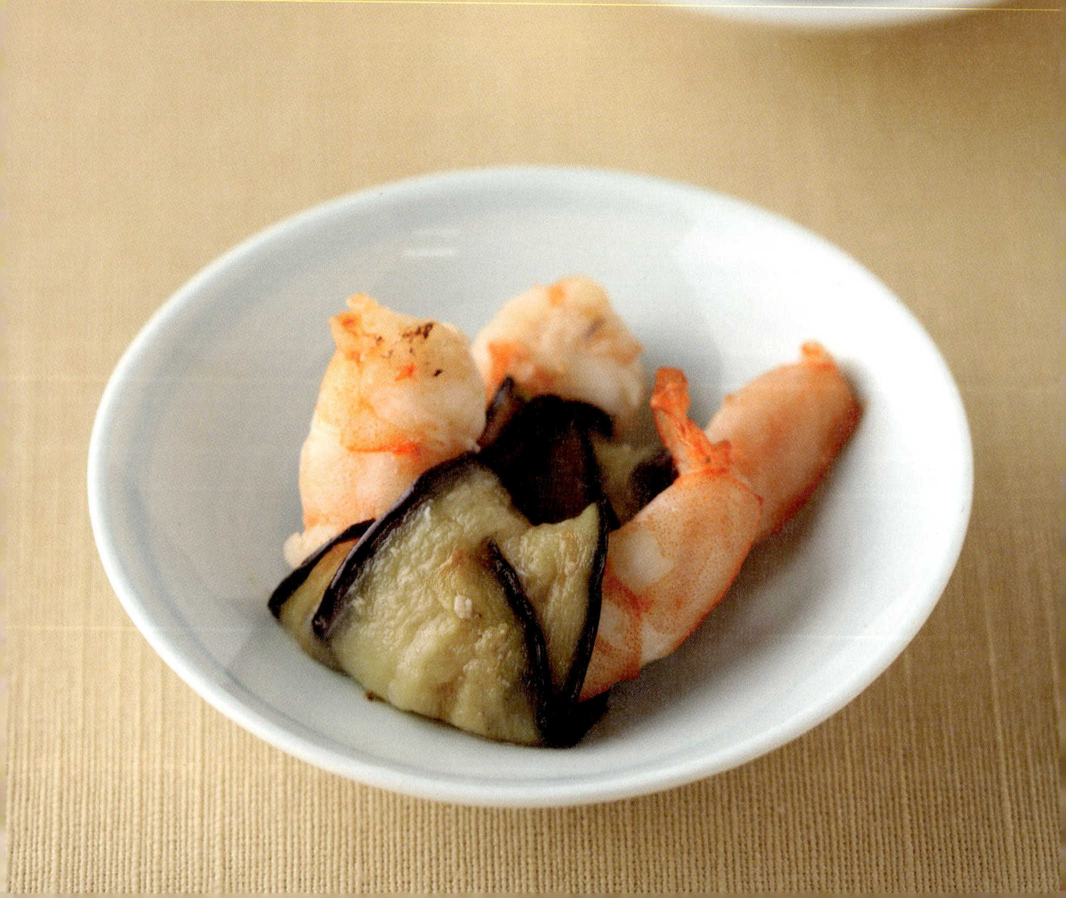

재료   가지 1개, 새우(중하) 6마리, 식용유 2큰술
새우 양념 맛술 1작은술, 참기름 ½작은술,
후춧가루 조금

만들기

1 가지는 꼭지를 잘라내고 씻어서 물기를
제거하고 0.3cm 두께로 길게 저민다.

2 팬을 달궈 식용유를 두른 다음 가지를
앞뒤로 살짝 구워 접시에 담는다.

3 새우는 두 번째 마디에서 꼬치로 내장을
빼낸 다음 껍질을 벗겨 새우 양념으로
밑간한다.

4 달군 팬에 식용유를 두르고 새우를 구워
②의 가지로 돌돌 만다.

Tip

새우 내장을 빼내야
쓴맛이 안 나

가지는 쉽게 갈색으로 변하기 때문에 잘라
서 바로 조리해야 한다. 새우의 내장은 씹으
면 쓴맛이 나고 모래 등이 씹히므로 반드시
뺀 뒤 조리한다.

비트모둠피클

비트는 무엇보다 붉은색이 아이의 시선을 사로잡는다.
조리 활용도가 높은 편은 아니지만 다른 채소와 함께
피클을 만들면 효과 만점.

재료 비트 4g, 오이 ⅓개, 콜리플라워(5cm) 1토막, 무(2cm) ⅓토막, 붉은 피망 ½개, 굵은소금(절이기용) 조금
피클 주스 월계수 잎 2장, 정향 2개, 식초 3큰술, 설탕 2큰술, 굵은소금 1작은술, 통후추 ½작은술, 물 1½컵

만들기

1 오이는 길이로 4등분하여 가운데 씨를 제거한 다음 2cm 크기로 잘라 소금 ½큰술을 넣고 절인 다음 씻어서 물기를 제거한다.

2 콜리플라워는 사방 2cm로 잘라서 끓는 물에 데쳐 찬물에 헹군다.

3 무와 피망도 사방 2cm로 자른다. 무는 소금에 절인 다음 물기를 제거한다.

4 냄비에 피클 주스 재료를 넣어 바글바글 끓인 다음 식힌다.

5 ④의 피클 주스 ½컵과 비트를 믹서에 넣어 곱게 간 다음 체에 걸러서 국물을 받아둔다.

6 볼에 피클 재료와 나머지 피클 주스, ⑤의 비트 물을 넣고 잘 섞어서 밀폐 용기에 넣는다.

7 ⑥의 재료는 냉장고에서 하루 보관한 다음 체에 걸러 국물을 한 번 더 끓여서 식힌 다음 다시 밀폐 용기에 넣어 냉장고에 보관한다.

Tip

피클 국물은 끓여서 완전히 식힌 후 부어야

피클은 담근 다음 날 국물을 따라내 다시 한 번 끓인 뒤 차게 식혀서 붓고 보관해야 아삭하게 씹는 느낌이 좋고 오랫동안 보관할 수 있다.

자색고구마볶음

주로 찜이나 구이 등 간식으로 즐기는 고구마를 채 썰어
피망을 넣고 볶은 별미 반찬. 고구마를 먼저 볶다가
피망을 넣어 피망의 아삭한 맛을 살린다.

엄 마 수 첩

짜고 자극적인 음식을 좋아하는 아이의 간식으로 고구마가 적당

속살까지 보라색이 도는 자색고구마는 일반 고구마에 비해 안토시아닌 성분이 들어 있고 단맛도 좋아 아이의 간식이나 반찬으로 손색없다. 밥을 먹을 때 짜고 자극적인 반찬을 주로 먹는 아이라면 간식으로 고구마를 준비해보자. 고구마는 몸속 나트륨을 배출하는 작용을 하는 칼륨이 많다.

재료 자색고구마(중간 크기) 1개, 피망 ⅓개, 깨소금 1작은술, 참기름 1작은술, 식용유 1큰술, 소금 ¼작은술

만들기

1 자색고구마는 껍질을 벗겨 0.5cm 두께로 편으로 썬 다음 채 썬다.

2 피망은 사방 0.3cm로 썬다.

3 자색고구마 채는 찬물에 헹궈 녹말 성분을 없앤 후 물기를 제거해 소금을 뿌린다.

4 달군 팬에 식용유를 둘러 고구마 채를 볶는다.

5 고구마가 부드럽게 익으면 불을 끄고 피망과 참기름을 넣고 깨소금을 뿌린다.

Tip

삶으면 보라색이 빠지므로 주의

자색고구마는 볶거나 찌는 조리법이 색이 빠지지 않아서 좋다. 삶으면 보라색이 빠지기 때문에 유익한 성분이 줄어드는 셈.

당근오징어전

당근은 비타민 A, 무기질, 탄수화물이 풍부하지만 싫어하는 아이가 많다. 당근을 곱게 갈아 오징어와 섞어 부친 전은 부드럽고 고소하다.

피부가 거칠고
저항력이 약한
아이에게 좋은 당근

비타민 A가 많은 대표적인 식품,
당근. 비타민 A는 피부를 곱고
매끄럽게 해주고 병에 대한
저항력도 길러주는 성분이다.
아이를 키우다 보면 계절이 바뀔
때 쉽게 건조해져 손톱 위 살이
벗겨지거나 피부가 거칠어지는
경우가 많다. 이럴 때 당근을
갈아 주스로 마시게 하거나
삶아서 곱게 갈아 잼을 만들어
먹이면 다소 효과를 볼 수 있다.

재료   오징어 ½마리, 당근 ¼개, 양파 ¼개,
        달걀 1개, 밀가루 1컵, 소금 ⅙작은술, 물 ¼컵,
        식용유 적당량

만들기

1 당근은 달걀, 물과 함께 믹서에 넣어 곱게
간다.

2 오징어는 껍질을 벗겨 잘게 다지고, 양파도
잘게 다진다.

3 ①의 당근 간 것과 밀가루를 잘 섞은 다음
오징어, 양파를 넣고 소금으로 간을 한다.

4 달군 팬에 식용유를 둘러 ③의 반죽을 한
수저씩 떠 넣은 다음 앞뒤로 노릇하게
굽는다.

Tip
오징어를 살짝 얼리면
껍질 벗기기 수월

오징어는 살짝 얼었을 때 껍질이 잘 벗겨진
다. 소금을 뿌리거나 키친타월로 껍질 끝을
쥐고 벗기면 미끄러지지 않아 수월하다.

단호박크랜베리샐러드

비타민이 풍부하고 따뜻한 성질을 가진 단호박은 열을 식히고 해독 작용을 하기 때문에 감기와 천식에 좋다. 호흡기가 약한 아이들에게도 좋다.

감기에 대한 저항력을 길러주는 단호박

단호박의 주성분은 당질이지만 비타민 A와 C가 풍부해 점막을 튼튼하게 하며 감기에 대한 저항력도 길러준다. 환절기면 어김없이 감기에 걸리는 아이나 한 번 감기에 걸리면 오래 끄는 아이에게 단호박수프를 먹이면 어느 정도 효과를 볼 수 있다. 또 호박에는 몸을 따뜻하게 해주는 성분이 있으므로 겨울철에 자주 먹으면 좋다.

재료   단호박 ⅛개, 크랜베리 1큰술, 달걀 1개, 다진 호두 1큰술
마요네즈 소스 마요네즈 2큰술, 황설탕 ½큰술

만들기

1 단호박은 속을 파낸 다음 껍질을 벗기고 사방 2cm로 썬다.

2 냄비에 물이 끓으면 단호박을 넣어서 8분 정도 삶은 뒤 식힌다.

3 달걀은 13분간 완숙으로 삶아 찬물에 담갔다가 꺼내 껍질을 벗기고 사방 1cm로 썬다.

4 마요네즈와 황설탕을 잘 섞어 마요네즈 소스를 만든다.

5 마요네즈 소스에 단호박, 달걀, 크랜베리, 다진 호두를 넣고 버무린다.

Tip

단호박과 달걀은 한 김 식힌 후 버무려야

삶은 단호박과 달걀에 마요네즈를 넣어 버무릴 때는 두 재료 모두 한 김 식혀야 잘 어우러진다. 크랜베리와 다진 호두를 넣어 새콤한 맛과 고소한 맛을 더한다.

파프리카닭가슴살무침

닭고기를 얄팍하게 포를 떠 양념에 재워 구운 후
파프리카와 섞은 샐러드 스타일의 반찬.
색색의 파프리카가 아이를 밥상으로 이끈다.

재료 닭가슴살 1조각, 붉은 파프리카 ¼개,
주황 파프리카 ¼개, 노란 파프리카 ¼개,
줄기콩 4개, 굵은소금(데치기용) ½작은술,
올리브유 ½큰술
닭가슴살 양념 올리브유 1큰술, 소금 ⅙작은술,
후춧가루 조금

만들기

1 닭가슴살은 포를 뜬 다음 소금, 후춧가루,
올리브유를 뿌려 1시간 정도 재운다.

2 닭가슴살에 양념이 고루 배어들면 팬을
달궈 중간 불에서 앞뒤로 구워 속까지
익힌다.

3 줄기콩은 끓는 물에 소금 ½작은술을 넣어
데친 다음 찬물에 담갔다가 1cm 크기로
썬다.

4 파프리카는 1×2cm로 썬다.

5 구운 닭가슴살은 파프리카와 같은 크기로
썬다. 볼에 닭가슴살과 채소를 넣고
올리브유를 뿌려 고루 버무린다.

Tip

퍽퍽한 닭가슴살은
올리브유를 뿌려 부드럽게

닭가슴살은 지방이 없고 단백질이 거의 대
부분이기 때문에 조리하면 퍽퍽할 수 있다.
올리브유를 고루 뿌려 미리 재워두면 퍽퍽
하지 않고 육질이 부드러워진다.

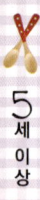

근댓국

멸치 국물에 된장과 고추장을 조금씩 풀어 넣고 끓여
구수한 맛이 난다. 고추장의 양을 조절해 맵지 않게 끓인다.
새우, 조갯살 등을 넣고 끓여도 맛있다.

근대는 아이의 발육에 도움이 돼

근대는 줄기와 잎을 잘라도 얼마 지나지 않아 곧 새잎이 돋아나는 생명력 강한 식물로 사계절 내내 자란다. 무기질과 비타민의 함량이 비교적 많고 조직이 부드러운데 익히면 더욱 부드러워져 먹기에 좋다. 된장 풀고 국을 끓일 때 시금치보다는 근대가 아이에게 더 좋은 셈. 성장 발육이 늦은 아이에게도 좋다고 한다.

재료 근대 잎 4장, 대파 ⅓대, 다진 마늘 ½작은술,
새우 가루 1작은술, 고추장 1작은술, 된장 ½큰술
멸치 국물 국물용 멸치 5마리,
다시마(사방 5cm) 2장, 물 2½컵

만들기

1 냄비에 멸치와 다시마를 넣고 분량의 물을 부어 30분간 두었다가 거품이 날 정도로 살짝만 끓인 다음 불을 끄고 멸치와 다시마를 건진다.

2 근대는 씻어서 물기를 제거한 다음 2cm 폭으로 썰고 대파는 어슷하게 썬다.

3 멸치 국물에 고추장과 된장을 풀어 넣는다.

4 ③의 국물이 끓으면 근대를 넣고 대파, 마늘, 새우 가루를 넣어서 한 번 더 끓인다.

Tip

근댓국은 오래 끓이지 않는다

근댓국은 오래 끓이지 않는 것이 맛있고 새우 가루를 넣으면 구수한 맛이 더 진하다. 된장은 조금 모자라다 싶게 넣어 심심하게 간 맞추는 것이 좋다.

성장기 어린이에게
좋은 시금치

만화 속 뽀빠이가 먹어 힘을 내는 시금치는 성장기 어린이에게 좋은 알칼리성 식품이다. 비타민이 골고루 들어 있는데, 특히 비타민 A는 잎채소 중 가장 많이 들어 있을 정도. 이외에도 칼슘과 철분, 요오드 등이 많아 나물이나 국을 만들거나 잡채, 김밥 등에 넣어 다양하게 먹이는 것이 현명한 엄마가 할 일이다.

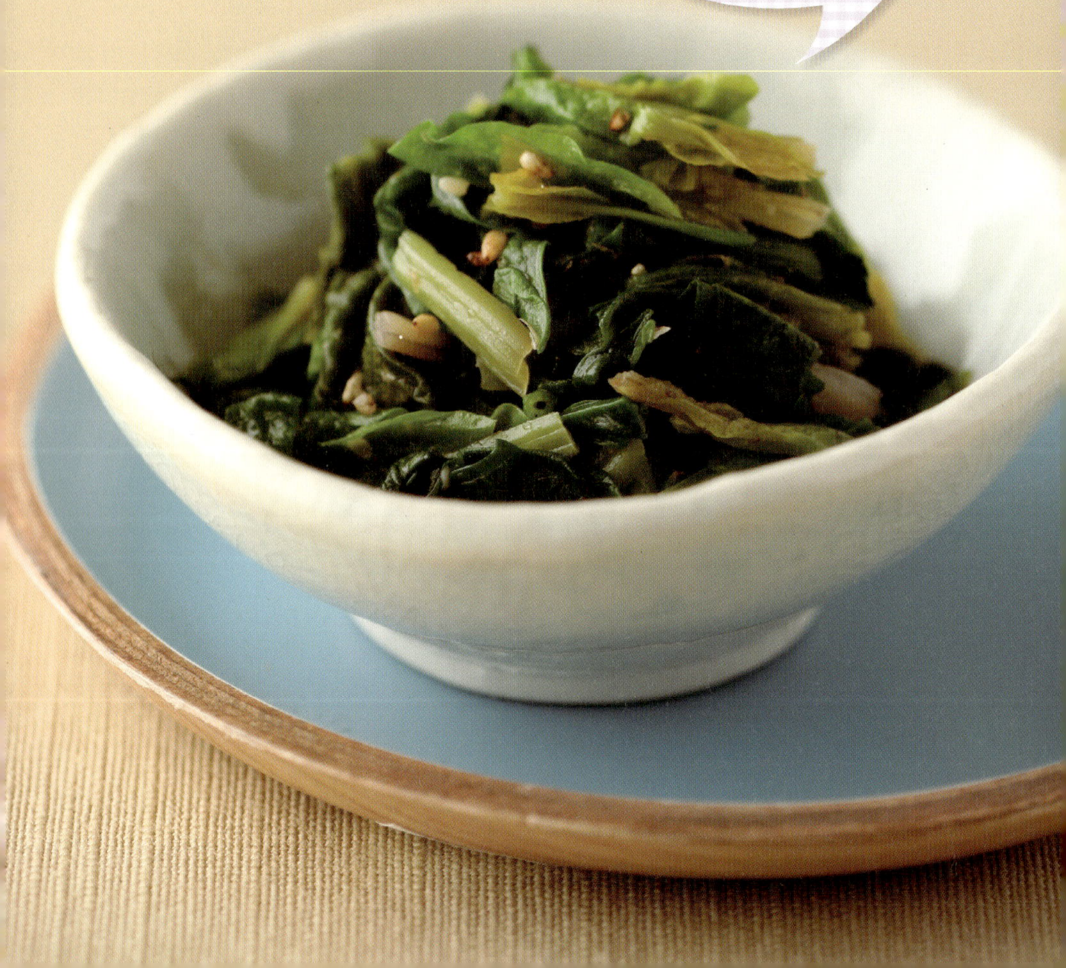

시금치나물

베타카로틴과 칼슘이 풍부한 시금치는 아이들에게 적극적으로 먹여야 할 채소. 나물로 만들어두고 비빔밥, 볶음밥, 피자, 파스타 등에 다양하게 활용한다.

재료　시금치 ⅓단, 깨소금 1작은술, 참기름 ⅓작은술, 소금 ⅛작은술, 굵은소금(데치기용) 조금

만들기

1 시금치는 겉잎을 떼어내고 뿌리 부분을 제거한다.

2 끓는 물에 소금을 넣고 시금치를 넣어 살짝 데쳐 찬물에 담근다.

3 찬물에 헹군 시금치는 물기를 꼭 짠 다음 3cm 길이로 썬다.

4 시금치를 볼에 넣고 소금을 넣어 무친 다음 깨소금과 참기름을 넣어 한 번 더 무친다.

Tip
시금치를 데칠 때는 뿌리부터

시금치는 뿌리 쪽부터 먼저 끓는 물에 넣고 데쳐야 뿌리와 잎이 고루 익는다. 또 끓는 물에 넣고 한 번 휘저은 뒤 곧바로 꺼내야 너무 물러지지 않는다.

3세 이상

브로콜리새우볶음

살짝 데친 브로콜리는 맛이 달면서 씹는 느낌이 좋다.
잘게 썰어서 볶거나 고소한 튀김으로 만들어주면
아이들이 좋아한다.

감기를 예방하고
피부를 튼튼하게 하는
브로콜리

비타민 C 함유량이 레몬의
두 배로 채소 중에 두드러지게
많으며 칼륨, 인, 칼슘, 비타민
B1·B2 등도 풍부하다. 평소
데친 브로콜리를 샐러드나
수프로 만들어 식탁에 자주
올리면 환절기 감기 예방에
도움이 된다. 또 비타민 C의
영향으로 피부를 부드럽게
유지하고 저항력도 기를 수
있다.

재료 브로콜리 ¼개(약 100g), 보리새우 10g, 양파 ¼개,
다진 마늘 ⅓작은술, 깨소금 1작은술,
참기름 ½작은술, 소금 ¼작은술, 식용유 ½큰술

만들기

1 브로콜리는 밑동을 제거하고 사방 1cm
크기로 썰고, 양파는 사방 0.5cm 크기로
썬다.

2 끓는 물에 브로콜리를 데친 다음 찬물에
담가 열기를 뺀다.

3 보리새우는 흐르는 물에 살짝 씻어 짠맛을
뺀다. 달군 팬에 식용유를 두르고 양파와
마늘을 넣어 볶다가 보리새우를 넣어
볶는다.

4 보리새우가 고소하게 볶아졌으면 데친
브로콜리를 넣고 섞듯이 볶다가 소금을
넣고 불을 끈 다음 깨소금, 참기름을 넣는다.
보리새우에 짠맛이 남아 있어 소금은 넣지
않아도 되고 넣더라도 아주 소량만 넣는다.

Tip
데친 브로콜리는
찬물에 담가야 아삭해

브로콜리는 데친 다음 찬물에 담가야 아삭
한 맛이 유지되며, 볶을 때는 재료를 다 볶
은 뒤 불을 끄고 나서 참기름을 넣어야 향이
살아나 고소한 맛도 오래간다.

검은콩조림

검은콩조림은 달달하고 고소해서 아이들이 잘 먹는 반찬 중 하나. 검은콩은 조리하기 전 미리 콩을 부드럽게 불려야 조림장이 속까지 잘 밴다.

고기를 좋아하는 아이라면 검은콩을 자주 먹여야

콩에는 리놀산과 리놀렌산이라는 불포화지방산이 풍부하게 들어 있는데, 이 불포화지방산은 육류를 지나치게 섭취하면 쌓이게 되는 콜레스테롤을 씻어내는 역할을 한다. 요즘에는 고기를 좋아하는 아이들이 많은데 이런 아이들일수록 움직이기 싫어하고 살이 찐 경우가 많다. 고기 없인 밥 못 먹는 아이를 둔 엄마라면 콩을 이용한 레시피를 다양하게 알아두는 것이 좋다.

재료 검은콩 ¼컵, 간장 2큰술, 올리고당 2큰술, 설탕 1작은술, 통깨 1작은술, 물 2컵

만들기

1 검은콩은 깨끗이 씻은 다음 찬물에 담가 5시간 정도 불린다.

2 냄비에 물 2컵을 붓고 불린 검은콩을 삶다가 간장과 설탕을 넣어 끓인다.

3 콩이 무르게 익고 국물이 자작해질 정도로 은근하게 조린다.

4 국물이 5큰술 정도 남으면 올리고당을 넣고 한소끔 끓인 다음 불을 끄고 통깨를 넣어서 식힌다.

Tip

올리고당을 마지막에 넣어야 콩이 부드럽다

콩조림을 딱딱하게 조리면 아이들이 잘 안 먹는다. 간을 하기 전에 충분히 불려서 끓여야 딱딱하지 않다. 올리고당은 거의 마지막에 넣어야 콩이 부드럽다.

입 짧은 아이의 식욕을 돋우는
고소한 향의 김

품질이 좋은 김일수록 단백질이 풍부한데, 이 단백질은 소화 흡수도 잘된다. 아이가 밥맛 없어 하고 먹는 양이 적을 때 참기름이나 들기름을 가볍게 발라 굽는다. 이때 소금은 되도록 부리지 않는다. 기름 발라 구워놓은 김은 제조 일자를 잘 살펴 오래된 것은 피한다. 오래된 기름은 몸에 해로운 과산화지질로 변하기 때문.

김부각

김부각은 고소한 맛이 나고 바사삭 씹는 소리가
아이의 눈을 반짝이게 한다. 넉넉하게 만들어두면 먹기 전에
바로 튀기기만 하면 되니 편리하다.

재료   김밥용 김 2장, 대파(4cm) 1토막, 통깨 ½큰술,
식용유 적당량
찹쌀풀 물 ⅓컵, 시판 찹쌀가루 1½큰술

만들기

1 냄비에 물과 찹쌀가루를 넣고 잘 섞은 다음
불 위에 올려 주걱으로 저어가면서 풀을
쑨다.

2 풀이 다 완성되면 식힌 뒤 김의 매끈한
부분에 바르고 대파 끝 부분에도 풀을
바른다.

3 대파의 풀 바른 면에 통깨를 묻혀서 김의 풀
바른 부분에 도장을 찍는다.

4 ③의 김부각이 어느 정도 말랐으면 먹기
좋게 한 입 크기로 잘라서 더 말린다.

5 바싹 마른 김부각을 180℃로 달궈진
식용유에 넣어 튀긴 다음 키친타월에 올려
기름을 제거한다.

Tip

**부각용 김은
두껍고 촘촘한 것이 적당**

부각용 김은 얇은 것보다는 조직이 촘촘
하고 두꺼운 것이 좋으며, 반 정도 말랐
을 때 잘라야 부서지지 않는다.

Part 4

2차성징 늦추는
헬스 푸드

너무 이른 나이에 보이는 2차성징은 대개 잘못된
식습관과 운동 부족이 원인이다. 많이 먹고 덜 움직여서
비만하고, 환경호르몬을 비롯한 독소가 몸속에 쌓이면서
나타나는 것이다. 건강한 재료, 건강한 조리법으로 아이
먹을거리를 준비하는 세심함이 필요하다.

· 풍부한 유기산이 성조숙증을 늦춘다 **김치**

· 비만으로 인한 성조숙증 예방 **율무**

· 지방 걱정 제로 **닭가슴살**

· 살찔 걱정 덜어주는 **돼지고기 안심**

· 아콘산이 중금속을 해독 **도토리묵**

· 몸속 지방을 배출하고 신진대사 돕는 **양파**

· 정신을 맑게 하고 혈액을 보호하는 **미나리**

· 몸속 독소를 배출하는 효과 탁월 **북어**

· 지방 함량이 적은 보신 식품 **대구**

· 신진대사를 증진하는 알칼리성 식품 **미역**

2차성징, 이 정도만 알아둬도 늦출 수 있어요

》 비만, 염분을 경계한다

사춘기가 빨라지면서 2차성징을 보이는 나이 또한 점점 낮아지고 있다. 나아가 초등학교 저학년 때 2차 성징을 보이는 성조숙증 아이들도 점점 늘고 있는 추세다. 2차성징이 나타나면 성호르몬이 분비되어 성장호르몬의 분비를 방해시켜 성장에 영향을 미칠 수 있다. 2차성징의 주된 원인은 체지방과 탄수화물 과다 섭취로 인한 비만이다. 탄수화물은 되도록 잡곡밥이나 통밀가루 등의 정제되지 않은 종류를 먹이고, 기름에 튀기는 식의 칼로리를 높이는 조리법은 피한다. 인스턴트식품 역시 먹이지 않는 게 좋다. 인스턴트식품은 단일 영양소가 집중되어 살이 찔 확률이 높기 때문이다. 간을 싱겁게 하는 것도 중요하다. 짜게 먹는 습관이 살찔 가능성을 높이기 때문이다. 간할 때 나트륨 함량이 높은 소금보다는 간장이나 된장 등의 향이 있는 양념을 사용해 짠맛을 줄인다. 그보다는 짠맛 양념을 최소한으로 줄여 짠맛에 노출시키지 않는 것이 더 좋다.

》 콩은 적당히, 율무는 충분히

콩은 성장에 필요한 단백질이 풍부하지만 여성호르몬과 유사한 에스트로겐이라는 성분이 많아서 2차성징을 촉진할 수 있다. 특히 비만한 아이라면 콩류, 두유, 두부 등의 식품은 지나치게 많이 먹이지 않도록 신경 쓴다. 반면에 율무는 성호르몬의 수치를 낮춰주는 효과가 있다. 밥 지을 때 율무를 함께 넣거나 율무를 갈아서 우유에 타서 먹이는 등의 방법으로 꾸준히 먹인다.

》 몸속 독소 빼주는 해독 식품을 먹인다

2차성징의 원인 중 비만 다음으로 위험한 것이 환경호르몬 같은 독소나 노폐물이 체내에 쌓이는 것이다. 카레나 양파는 몸의 독소를 몸 밖으로 빼내고, 시금치, 오이, 당근과 같은 채소는 체내의 지방을 분해하고 배출해 비만을 예방해준다. 북어 역시 노폐물과 독소를 빼주는 작용을 한다. 독소 배출은 비만 예방에 효과적이다.

≫ 지방은 가능한 한 적게 먹인다

단백질은 아이 성장에 꼭 필요한 영양소로 주로 육류에 양질의 단백질이 많다. 그러나 육류에는 동물성 지방이 많은데, 이는 비만을 부르고 체내에 독소도 많이 쌓이게 만든다. 또한 성조숙증을 부르는 환경호르몬은 지방에 축적되기 쉽다. 그렇다고 고기를 금기시할 수는 없는 일. 가능하면 지방을 제거하고 살코기만을 골라서 먹인다. 소고기나 돼지고기는 기름기가 적은 등심이 적당하고, 특히 닭가슴살은 지방이 전혀 없어서 살찔 걱정 하지 않아도 된다. 소고기나 돼지고기는 삶아서 수육으로 먹이는 방법도 지방 섭취를 줄이는 비결이다.

≫ 신맛 나는 재료는 환영

샐러드용 소스나 음료 등에 신맛이 나는 레몬이나 라임 등을 조금씩 넣어서 먹이거나 익은 김치를 자주 먹인다. 신맛은 몸속의 독소 등을 배출하고 살이 찌는 것도 막아준다. 김치와 과일의 유기산은 특히 좋다. 다만 너무 어릴때 신맛을 많이 먹이면 위에 부담을 줄 수 있으므로 아주 조금씩 반찬에 넣어 차츰 양을 조절해나간다.

≫ 환경호르몬을 유발하는 생활용품 사용을 자제한다

컵라면, 전자레인지에 가열해서 먹는 인스턴트식품, 알루미늄 캔이나 페트병에 들어 있는 음료, 통조림 식품 등은 환경호르몬을 유발하므로 피하는 것이 좋다. 플라스틱 용기 사용도 자제한다. 평소에 아이에게도 일회용품의 유해성에 대해 설명해줘 아이 스스로도 이런 제품 사용을 자제할 수 있게 교육한다.

건강 위협하는 식품첨가물

방부제
벤조산나트륨, 소르빈산칼륨, 살리실산 등이 있다. 치즈, 버터 등의 유가공품, 햄이나 소시지류, 어묵, 단무지, 고추장, 토마토케첩, 마요네즈 등의 가공식품에 들어간다. 식욕 감퇴, 피부 점막 자극, 소화불량, 중추신경 마비 등을 일으킬 수 있다.

화학조미료
흔히 MSG, L-글루타민산나트륨을 말하는 것으로 인스턴트식품이나 가공식품, 통조림 등에 넣는다. 우울증, 현기증, 두통 등을 유발할 수 있다.

살균제
치아염소산나트륨, 표백분 등이 있다. 어묵, 햄, 소시지, 두부 등의 가공식품에 들어가는데, 피부염이나 암 등을 유발할 수 있다.

발색제
대표적인 게 아질산나트륨으로 햄, 소시지, 베이컨, 어묵, 게맛살 같은 가공식품의 색깔을 선명하게 만들기 위해 사용한다. 호흡 기능을 약하게 만들고 빈혈, 구토 등을 유발한다.

표백제
아황산나트륨이 대표적. 빵, 과자, 빙과 등 주로 아이들이 많이 사 먹는 간식거리에 들어간다. 두통, 위 점막 자극, 복통, 순환기 장애, 천식 등을 일으킬 수 있다.

인공감미료
아스파탐, 사카린나트륨 등이 있으며 아이들이 많이 먹는 빙과, 음료수, 과자, 간장 등에 주로 쓰인다. 소화기 장애, 신장 장애, 암 등을 일으킬 수 있다.

김치게살냉채

잘 익은 배추김치의 잎을 찢어 채 썰고 게살과 오이를
함께 넣어 무친 냉채. 아작아작 씹히는 맛이 좋은데
새콤고소한 소스를 더해 더욱 맛있다.

김치의 유기산 성분은 성조숙증을 늦추는 효과

김치는 배추에 들어 있는 무기질과 비타민 외에도 발효에 의해 생긴 유기산의 정장 효과가 크다. 유기산 성분은 몸속에 쌓인 독성을 배출하고 비만을 막아 성조숙증을 늦추는 효과도 있다. 또 김치가 익으면서 맛이 들 때 미생물 합성이 되는데 비타민 B군의 함량을 늘리고 각종 효소도 만들어낸다.

재료 배추김치 잎 2장, 게살 100g, 오이 ¼개
냉채 소스 다진 붉은 파프리카 2큰술, 식초 ½큰술, 꿀 1큰술, 참기름 1작은술, 후춧가루 조금

만들기

1 김치는 소를 털어내고 씻어서 물에 10분 정도 담갔다가 물기를 꼭 짠 다음 2cm 길이로 채 썬다.

2 게살은 끓는 물에 데친 다음 식혀서 먹기 좋게 찢는다.

3 오이는 곱게 채 썰어 찬물에 담갔다가 물기를 제거한다.

4 분량의 재료를 고루 섞어 냉채 소스를 만든다.

5 볼에 김치, 게살, 오이를 넣고 냉채 소스를 넣어 고루 버무린다.

Tip
오이는 채 썬 뒤 찬물에 담가

오이는 채 썬 다음 바로 조리하지 말고 찬물에 담갔다 물기를 빼서 조리한다. 이렇게 하면 칼이 닿았던 면의 조직이 살아나 훨씬 아삭거린다.

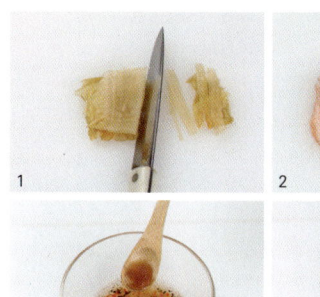

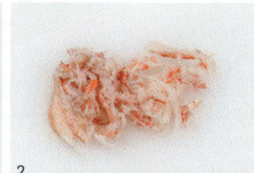

나
세
이상

율무브로콜리샐러드

삶은 율무에 브로콜리와 방울토마토를 섞어 만든
건강 샐러드. 율무의 고소한 맛과 함께
동글동글한 모양이 예뻐 더욱 맛있어 보인다.

비만으로 인한 성조숙증을 예방하는 율무

곡물 중 영양가가 가장 높은 율무. 풍부한 단백질이 신진대사를 활발하게 해준다. 고단백, 고지방의 고칼로리 식품이면서도 비만을 걱정할 필요 없고 식이섬유가 위장의 운동을 도와 비만 방지에 효과가 있다. 소아 비만일 경우 비만으로 인한 성호르몬 수치가 높아져 성조숙증이 될 수 있는데 율무밥, 율무차, 율무미숫가루 등을 먹게 하면 이런 걱정은 다소 피할 수 있다.

재료　　율무 2큰술, 브로콜리 ⅕개, 방울토마토 6개, 포도씨유 1큰술, 소금 ¼작은술

만들기

1　율무는 물에 씻어서 물 1컵을 부어 하룻밤 불린다.

2　불린 율무에 물 3컵을 부어 중간 불에서 푹 퍼지고 물이 거의 없어지도록 삶은 다음 차게 식힌다.

3　방울토마토는 씻어서 4등분한다. 브로콜리는 작게 잘라서 끓는 물에 데친 다음 찬물에 담가 열기를 뺀다.

4　율무, 토마토, 브로콜리를 볼에 넣고 소금과 포도씨유를 넣어서 버무린다.

Tip

율무는 하루 정도 불린다

율무는 잘 퍼지지 않기 때문에 하루 정도 충분히 불린 뒤 삶아서 조리한다. 압력솥에 조리하면 쉽게 물러진다. 넉넉히 불려 한 번 먹을 분량씩 나누어 밀봉한 다음 냉동실에 넣어두고 필요할 때마다 꺼내 사용한다.

닭가슴살간장무침

파와 마늘, 후추 등을 넣고 삶은 닭고기를 결대로 찢어 부드럽고 담백하다. 여기에 아스파라거스를 넣고 새콤달콤한 소스를 뿌려 아이 입맛에 맞는다.

불포화지방산이 풍부하고 체력을 기르기에 좋은 닭고기

아이들에게 인기 많은
닭고기튀김은 칼로리가 높고
기름이 산패하기 때문에
이래저래 건강을 해치는
음식이다. 또 고기튀김은
칼로리가 높아 비만을 부르기
쉽다. 삶은 닭고기를 결대로 찢어
다양하게 조리해 먹이면 비만
걱정은 하지 않아도 된다.

재료	닭가슴살 1조각, 아스파라거스 4줄기, 물 4컵
	향채 대파 ⅙대, 통마늘 2톨, 통후추 ½작은술
	오리엔탈 소스 간장 1큰술, 올리브유 1큰술,
	식초 1큰술, 올리고당 1큰술, 다진 마늘 ¼작은술,
	다진 양파 2큰술, 후춧가루 조금

만들기

1 닭가슴살은 찬물에 담가 핏물을 뺀다.

2 냄비에 물 4컵을 넣어 끓으면 향채,
닭가슴살을 넣어 속까지 익도록 30분 정도
중간 불에서 푹 익힌다.

3 아스파라거스는 겉껍질과 돌기, 질긴
부분을 깨끗이 잘라낸 다음 2cm 길이로
썬다. 손질한 아스파라거스를 끓는 물에
데친 다음 찬물에 담가둔다.

4 삶은 닭가슴살은 결대로 찢는다.

5 볼에 닭가슴살, 아스파라거스, 오리엔탈
소스를 넣어 고루 버무린다.

Tip

소스를 만들 때 기름은 마지막에 넣는다

소스를 만들 때는 다른 재료를 모두
섞은 뒤 기름을 마지막에 넣는다.
그래야 재료들이 겉돌지 않고 잘 섞
인다.

돼지고기안심카레조림

카레는 체내에 콜레스테롤이 쌓이는 것을 막고
지방을 분해해준다. 돼지고기 안심은 다른 부위에
비해 지방이 거의 없어 살찔 염려가 적다.

성장기 아이에게 좋은 단백질 공급원인 돼지고기 안심

돼지고기 안심은 목살이나 뒷다리살, 앞다리살, 삼겹살에 비해 지방이 매우 적고 단백질은 풍부해 닭고기 저리 가라 할 정도다. 물론 지방은 뇌의 활동에 없어서는 안 될 요소인데 소기름보다 필수지방산의 비율이 높다. 돼지고기 안심이라면 다른 걱정 없이 자주 조리해 먹어도 좋을 듯. 돼지고기는 무조건 비만을 부른다는 선입견을 버릴 것.

재료   돼지고기(안심) 150g, 카레 가루 1큰술, 우유 ¼컵, 물 1컵
돼지고기 양념 포도씨유 1큰술, 후춧가루 조금

만들기

1 돼지고기는 도톰하게 썰어서 양념에 30분간 재운다.

2 달군 팬에 양념에 잰 돼지고기를 넣어 앞뒤로 노릇하게 구운 다음 접시에 담는다.

3 카레는 물을 부어 멍울 없이 잘 개어 5분 정도 둔다.

4 팬에 개어놓은 카레를 넣어 끓이다가 구운 돼지고기를 넣어 끓인다.

5 국물이 거의 없어지면 우유를 넣어서 한 번 더 끓인 다음 불을 끈다.

Tip

우유가 카레의 풍미를 높여줘

카레에 우유를 넣으면 카레의 풍미를 높이고 영양 균형도 맞출 수 있다. 카레의 짠맛도 줄여준다. 우유는 미리 넣기보다는 나중에 넣어야 분리되지 않는다.

엄마수첩

도토리의 아콘산은 중금속
해독 효과가 있어

체내에 중금속이 쌓이면 통증과 두통을 유발하고 피부 트러블도 부른다. 도토리에 들어 있는 아콘산 성분은 중금속 해독에 효과가 있다고 한다. 게다가 칼로리가 적어 살찐 아이도 걱정하지 않고 먹을 수 있다. 중금속 중독과 소아 비만 등은 몸의 균형을 깨 성조숙증과 피부 트러블 등 다양한 증세로 나타나 아이를 괴롭힌다.

마른도토리묵조림

도토리묵은 칼로리가 낮아 비만이 염려되는
아이를 위해 다양한 조리법으로 반찬을 만들어 그 맛에
익숙해지게 하는 것이 좋다.

재료 마른 도토리묵 20g, 마른 표고버섯 1장, 당근 ⅛개,
양파 ⅛개, 쪽파 1줄기, 식용유 ½큰술, 물 3컵
양념 간장 ½큰술, 참기름 ½작은술,
다진 마늘 ⅓작은술, 깨소금 1작은술

만들기

1 마른 도토리묵과 물 3컵을 냄비에 넣고
10분간 끓인 다음 속까지 부드러워지도록
좀 더 삶는다.

2 삶은 도토리묵은 찬물에 씻어서 반 자른다.

3 표고버섯은 뜨거운 물에 불린 다음 3cm
길이로 채 썰고, 당근과 양파도 같은 길이로
채 썬다. 쪽파는 2cm로 썬다.

4 달군 팬에 식용유를 두르고 도토리묵, 간장,
참기름, 다진 마늘을 넣어 달달 볶는다.

5 도토리묵에 양념이 배어들면 당근,
표고버섯, 양파 순으로 넣고 마지막에
쪽파와 깨소금을 넣는다.

Tip

마른 도토리묵은 삶아야
부드러우면서 쫄깃해

마른 도토리묵은 불려도 부드러워지지 않
기 때문에 끓는 물에 삶아야 한다. 속까지
충분히 부드럽게 삶아야 나중에 딱딱해지
지 않고 쫄깃한 느낌을 살릴 수 있다.

양파소고기찜

양파를 그릇 삼아 소고기를 겹겹이 채워 찐 음식.
모양새가 남달라 아이의 시선을 사로잡는 것은 물론
익은 양파의 단맛이 고기와 어우러져 맛있다.

신진대사를 돕는 양파

양파 특유의 매운맛과 자극적인
냄새는 유화알릴이라는
성분인데, 이 성분은 소화액
분비를 돕고 신진대사를
활발하게 한다. 또한 양파는
지방을 분해하고 몸 밖으로
배출하기 때문에 고기와 함께
먹으면 몸속에 지방이 쌓이는
것을 막아준다. 몸에 지방이
지나치게 쌓이면 비만을 부르고
비만이 장기화되면 성호르몬의
균형이 깨지므로 아이에게
고기를 먹일 때는 양파를 함께
먹이도록 한다.

재료   양파(중간 크기) 2개, 소고기(불고기용) 100g,
녹말가루 3큰술
고기 양념 소금 ⅛작은술, 참기름 ¼작은술
초간장 간장 1큰술, 식초 ½큰술,
다시마 국물 1큰술

만들기

1 소고기는 지방을 제거해서 잘게 다진 다음
양념에 버무린다.

2 양파는 반으로 잘라서 겹겹이 떼어
속껍질을 제거한다.

3 양파 사이사이에 녹말가루를 묻혀서
양념한 소고기를 조금씩 덜어 넣은 다음
녹말가루를 뿌려 다시 켜켜로 붙인다.

4 ③의 양파 앞뒤에 녹말가루를 묻힌 다음
김이 오른 찜통에 넣고 15분간 찐다. 다
쪄지면 먹기 좋게 썰어 초간장을 곁들인다.

Tip

녹말가루를 뿌리면
접착제 역할을 해

녹말가루는 점성이 있기 때문에 양파와 소고
기 사이에 뿌리면 서로 떨어지지 않고 잘 붙
는다. 찐 다음엔 식혀서 썰어야 모양이 흐트
러지지 않는다.

엄 마 수 첩

정신을 맑게 하고 혈액을 보호하는 효과가 있는 미나리

미나리는 한방에서 식욕을 돋우고 장의 활동을 좋게 하는 식품이라고 말한다. 미나리가 정신을 맑게 하고 혈액을 보호한다고 전해지는 이유는 미나리 특유의 향과 맛을 내는 정유 성분과 다량의 철분, 해독 작용 때문일 것이다. 이런저런 이유로 미나리는 예민하고 약한 아이에게 좋으므로 음식에 다양하게 활용하는 것이 좋다.

미나리무볶음

미나리는 특유의 향이 있어 아이가 먹기에는 조금 부담스럽지만, 채 썬 무와 함께 볶으면 무의 달달하고 부드러운 맛과 미나리의 향이 어우러져 맛있다.

재료   무(2cm) 1토막, 미나리 6줄기, 참기름 ⅓작은술, 깨소금 ⅓작은술, 다시마 국물 ¼컵, 굵은소금(절이기용) ⅓작은술
식촛물 물 1컵, 식초 1큰술

만들기

1 무는 껍질을 벗겨서 폭 0.3cm, 길이 3cm로 채 썬다.

2 미나리는 불순물을 제거하고 식촛물에 5분간 담근 다음 3cm 길이로 자른다.

3 채 썬 무는 소금 ⅓작은술을 뿌려 5분간 절인 다음 헹궈서 물기를 꼭 짠다.

4 달군 팬에 참기름을 두르고 무를 볶다가 다시마 국물을 넣는다. 국물이 거의 없어지면 미나리, 깨소금을 넣어서 한 번 더 볶는다.

Tip

무가 익은 뒤 미나리를 넣고 살짝만 가열

무를 소금에 절인 뒤 볶으면 아삭한 맛이 좋다. 미나리는 열을 가하면 금방 숨이 죽으므로 무가 충분히 익은 뒤 나중에 넣는다.

북어양파국

북어는 단백질과 칼슘이 풍부하고 지방은 없어
비만한 아이에게 알맞은 식품이다. 육수로 끓여
각종 국물 요리에 두루 활용한다.

몸속 독소를
배출해주는 북어

명태를 말린 것으로 황태와
북어가 있는데, 북어는 황태보다
더 바싹 말린 것으로 단백질과
아미노산 함량이 명태보다 다섯
배가 많다. 북어는 열량이
높지만 지방질이 적어 한꺼번에
많이 먹지만 않는다면 큰 걱정은
없다. 북어는 해독 효과가
있어서 각종 공해나 가공식품,
인스턴트식품 등으로 인한 유해
물질을 체외로 배출하는 데 어느
정도 도움이 된다.

재료　북어 채 15g, 양파 ¼개, 대파 ⅓대,
　　　다진 마늘 ¼작은술, 국간장 1작은술,
　　　참기름 ½작은술, 물 1½컵

만들기

1　북어 채는 찬물에 담가 물기를 꼭 짜서
　　잘게 썬다.

2　대파는 다듬어 어슷하게 썰고,
　　양파는 2cm 길이로 채 썬다.

3　냄비에 참기름을 두르고 북어 채를 볶다가
　　물을 붓고 끓인다.

4　국물이 끓으면 양파를 넣고 간장,
　　대파를 넣어서 한 번 더 끓인다.

Tip

북어를 참기름에 볶으면
국물 맛이 구수해

북어 채를 불리면 북어의 감칠맛이 빠져나
가므로 물에 살짝만 적셔 불린다. 또 북어를
참기름에 볶아 국을 끓이면 보얀 국물이 우
러나오고 국물 맛도 구수해진다.

단호박소스흰살생선현미찜

달짝지근한 단호박과 지방 함량이
낮은 요구르트로 만든 소스를
곁들여 아이들 입맛에 잘 맞는다.
부드럽고 고소해 자꾸 먹고 싶은 맛.

대구는
지방 함량이 적은
보신 식품

대구는 살이 무르지만 비린 맛이
적고 구수한 생선. 등 푸른 생선에
비해 지방 함량이 훨씬 적어 맛이
담백하다. 입 짧은 아이들은
자극성이 강한 인스턴트식품이나
햄, 소시지 등의 가공식품을
좋아하는 경우가 많은데, 대구로
아이들 입맛 당기는 맛있는 음식을
다양하게 만들어 먹여본다. 특히
살찐 아이라면 지방이 적은 대구
같은 생선 반찬으로 단백질을
보충해준다.

재료　대구살 100g, 현미찹쌀 가루 2큰술,
　　　소금 ⅓작은술, 후춧가루 조금
　　　단호박 소스 단호박 100g, 식초 ½큰술,
　　　꿀 1큰술, 요구르트 2큰술

만들기

1　흰 살 생선은 소금, 후춧가루로 밑간한다.

2　밑간한 흰 살 생선에 찹쌀현미 가루를 고루
　　묻힌다.

3　단호박은 껍질을 벗기고 씨를 빼낸 다음
　　찜통에 넣고 찐 다음 식힌다.

4　믹서에 찐 단호박과 나머지 소스 재료를
　　넣고 곱게 간다.

5　김 오른 찜통에 ②의 생선을 넣어 찐 다음
　　④의 단호박 소스를 곁들인다.

Tip

찹쌀가루를 묻혀도 된다

찹쌀현미 가루 대신 찹쌀가루를 이용해
도 된다. 찹쌀가루는 생선에 가루를 묻
힌 다음 바로 찌지 말고 수분이 조금 올
라온 다음 쪄야 표면에 날가루가 남지
않는다.

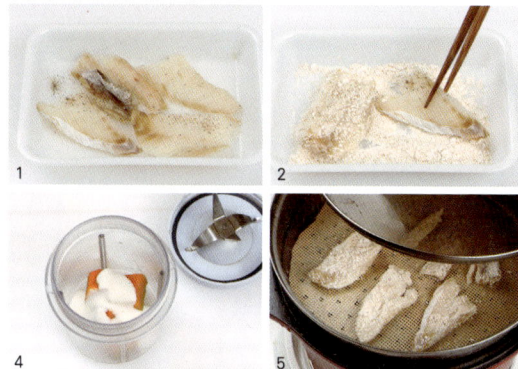

1　2　4　5

미역파프리카말이

미역은 해독 효과가 있어서 인스턴트식품을 좋아하는
아이에게 자주 먹이면 좋다. 당근, 파프리카, 오이
등의 채소를 넣고 돌돌 말면 색깔이 화려해서
아이의 식욕을 돋운다.

신진대사를 활발하게 하는 미역

미역은 영양소를 고루 지닌 알칼리성 식품으로 칼슘 함량도 많다. 미역에 풍부한 갑상선 호르몬 티록신은 심장과 혈관의 활동, 체온과 땀의 조절, 신진대사를 증진하는 작용을 해 성장기 아이에게 두루 좋다. 또 해독 작용을 하는 성분이 있어 각종 오염이나 공해, 불량식품 등에 노출된 아이를 위해 자주 식탁에 올리는 것이 좋다.

재료 생미역 1줄기, 닭가슴살 1조각, 붉은 파프리카 ½개, 주황 파프리카 ½개, 노란 파프리카 ½개, 피망 ½개, 물 4컵
향채 대파 ⅙대, 통마늘 2톨, 통후추 ½작은술
오리엔탈 소스 간장 1큰술, 다진 마늘 ¼작은술, 식초 1큰술, 다진 양파 2큰술, 올리브유 1큰술, 올리고당 1큰술, 후춧가루 조금

만들기

1 생미역은 깨끗하게 씻어 끓는 물에 데친 다음 찬물에 헹군다.

2 닭가슴살은 찬물에 헹군 후 끓는 물에 데친다.

3 데친 닭가슴살과 물 4컵을 냄비에 넣고 끓으면 향채를 넣어서 30분간 더 끓여 속까지 익힌다.

4 닭가슴살이 다 익었으면 한 김 식힌 다음 결대로 찢는다. 파프리카와 피망은 폭 0.5cm, 길이 4cm로 채 썬다.

5 미역을 3×10cm 크기의 직사각으로 썬 다음 접시에 펼치고 닭가슴살, 파프리카, 피망을 조금씩 덜어 올려 돌돌 만다. 오리엔탈 소스를 곁들인다.

Tip
마른 미역을 사용할 땐 살짝만 불려 데쳐서 사용

생미역이 없을 때는 마른 미역을 불려서 사용한다. 너무 많이 불리면 물러지므로 찬물에 잠시만 담갔다가 끓는 물에 살짝 데친 다음 찬물에 헹군다.

Part 5

반찬 없어도 굿!
한 그릇 음식

아이는 자기가 좋아하는 것만 먹으려고 해서
자칫 편식하는 습관이 생길 수 있다.
밥과 반찬을 따로 준비해서 먹이기보다는 다양한 재료를
함께 넣어 조리하는 일품요리로 준비하면 영양 불균형을
막을 수 있다.

한 그릇 음식, 이렇게 만들면 간편해요

》 면 요리는 부재료 배합에 신경 쓴다
국수, 스파게티 등의 면 음식은 아이들이
잘 먹는 편. 영양 균형을 고려해 곁들이는
부재료를 다양하게 첨가한다. 이렇게
하지 않으면 탄수화물만 지나치게 많이
섭취할 수 있다. 대개 아이 음식은 컬러의
균형을 맞추면 영양 밸런스도 잘 맞고
식욕도 돋우는 효과가 있다.

》 면 요리에 채소즙을 넣어 영양을 보충한다
시금치, 당근, 단호박 등 아이들이 잘 안 먹는
채소류는 즙을 내어 밀가루 반죽에 넣고
칼국수나 수제비, 머핀, 쿠키 등을 만들어서
먹는다. 색깔도 예쁘고 영양 면에서도 좋다.
밀가루는 일반적인 흰 밀가루보다는
통밀가루를 사용하면 식이섬유도 풍부해
건강에 더 좋다.

》영양을 안배해 재료를 배합한다
성장기 아이들이 먹을 한 그릇 일품요리에는 단백질, 탄수화물, 지질, 무기질, 비타민 등의 영양소가 골고루 들어가도록 재료 선정에 정성을 기울여야 한다. 자칫 영양이 편중되거나 부족할 수 있기 때문이다.

》가공식품은 조리법에 신경 쓴다
가공식품은 가능하면 자제하는 것이 좋지만 부득이하게 이용할 경우에는 조리법에 더욱 신경 쓴다. 유부나 어묵은 기름에 튀겨서 유통되는 것이라 산패되었을 가능성도 있으므로 반드시 끓는 물에 데쳐서 기름이나 첨가물을 빼서 조리하고, 통조림은 국물을 뺀 뒤 사용한다. 이렇게 하면 좀 더 안전하게 조리할 수 있다.

연령별
재료 썰기 & 양념 사용

재료 크기, 나이 따라 다르게
소화 기능이 약하고 씹는 기능도 원활하지 않은 아이들에게는 재료의 크기도 중요하다. 특히 깍두기나 김치와 같이 단단한 재료는 어금니가 있고 없는 정도에 따라 크기를 다르게 썰어야 무리 없이 씹어 삼킬 수 있다.
· 3~4세 0.3~0.5cm 정도
· 5~6세 1cm 내외
· 7세 이후 1.5cm 내외

양념 사용은 이렇게!
· 3~4세 되도록이면 짠맛, 단맛, 매운맛을 최대한으로 낮춰서 조리한다. 이 시기엔 양념류를 거의 넣지 않고 조리해도 무방하다.

· 5~7세 어린이집이나 유치원 등에 다니기 시작하면서 자극적인 맛에 노출되는 일이 잦아진다. 집에서만이라도 자극적인 양념이나 간을 자제해서 먹인다. 어른 음식의 간을 하기 전 아이가 먹을 것을 덜어낸 뒤 만들면 수월하다.

· 8세 이상 학교 급식을 먹기 시작하면서 어른 음식도 먹기 시작하는 때이다. 정제염, 정제당 보다는 천일염이나 미네랄 소금, 간장 등으로 간을 한다. 단맛도 설탕보다는 꿀이나 아가베 시럽, 과일 간 것, 조청 등 천연 재료를 원료로 만든 것으로 맛을 낸다.

* 여기에 제시한 밥의 분량은 어른 밥공기(1공기 250cc)를 기준으로 한 것입니다.
* 한 끼에 먹여야 할 적정 밥의 양은 얼마일까?
  3~5세_어른의 ½공기
  6~8세_어른의 ⅔공기
  9세_어른 ¾공기
  10세 이상_어른과 동일

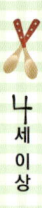

유부초밥

유부의 고소하면서도 새콤달콤한 양념 맛이 아이의
입맛을 자극하는 유부초밥. 밥에 볶은 소고기나
닭고기, 해물, 견과류 등을 넣으면 맛이 더 풍부하다.

양념하지 않은 유부로 건강하게 만드는 유부초밥

조미 유부는 아무래도
식품첨가물이 많이 들어 있고
단맛이 지나치게 강할 수 있다.
유부만 구입해 엄마의 정성이
가득한 유부초밥을 만들어보자.
기름에 튀긴 것이므로 살 때
유통기한을 확인한다. 끓는 물에
데쳐 기름기를 완전히 뺀 후
양념으로 조려야 깔끔하다.

재료 흰밥 1공기, 유부 4장, 다진 당근 1큰술,
다진 양파 2큰술, 다진 피망 2큰술, 참기름 1작은술,
소금 ½작은술, 후춧가루 조금, 포도씨유 1큰술
유부 양념 간장 ½작은술, 설탕 1작은술,
식초 ½큰술, 다시마 국물 ¼컵

만들기

1 유부는 젓가락이나 밀대로 납작하게 민다.

2 유부를 끓는 물에 데친 다음 꼭 짜 물기를
제거한다.

3 냄비에 유부와 양념을 넣고 조린다.

4 달군 팬에 포도씨유를 둘러 다진 당근, 양파,
피망을 볶다가 밥을 넣고 소금, 후춧가루,
참기름으로 간한 뒤 식힌다.

5 유부를 반으로 잘라 속을 벌리고 볶음밥을
채워 넣는다.

Tip

유부는 데쳐서 기름기를 뺀다

유부는 두부를 튀긴 것으로 유통 중에 기
름이 산화했을 가능성도 있으므로 반드
시 끓는 물에 데쳐서 기름을 뺀 뒤 사용한
다.

소고기주먹밥

주먹밥은 재료도 간단하고 쉽게 만들 수 있어
아이의 아침 식사로 적당하다. 잘 먹는 재료와
싫어하는 재료를 섞어 영양의 균형도 꾀할 수 있다.

주먹밥은 너무 크지 않게 만들어야

밥을 크게 뭉치다 보면 기름에 볶은 밥이 잘 뭉쳐지지 않아 손으로 꽉 눌러 모양을 잡게 된다. 이렇게 되면 밥알이 지나치게 붙어 부드러운 밥맛은 사라지고 밥 알갱이가 덩어리져 맛이 떨어진다. 가볍게 뭉쳐도 될 정도의 크기로 만들어 베이킹 종이컵에 담거나 김이나 달걀지단으로 감싸면 맛과 영양 모두 챙길 수 있다.

재료　따뜻한 흰밥 1공기, 다진 소고기 40g, 김 ½장, 소금 ⅙작은술, 참기름 ½작은술, 포도씨유 1큰술
고기 양념 간장 ¼작은술, 참기름 ⅓작은술

만들기

1 다진 소고기는 간장, 참기름으로 양념한 다음 고슬고슬하게 볶는다.

2 밥에 볶은 소고기, 소금, 참기름, 포도씨유를 넣고 고루 섞는다.

3 김은 2cm 폭으로 자른다.

4 ②의 밥을 먹기 좋게 한 입 크기로 둥글게 뭉친 후 김으로 띠를 두른다.

Tip

다진 소고기는 저으면서 볶아야 덩어리가 안 생겨

다진 소고기를 볶을 때는 다 익기 전에 충분히 저으면서 볶아야 덩어리가 지지 않는다. 만약 덩어리가 졌으면 잘게 다져서 쓰는 것도 좋다.

1

2

3

4

5세 이상

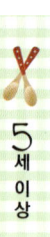

돈가스덮밥

아이들이 좋아하는 돈가스에 감칠맛 나는 다시마 국물이 어우러져 부드럽고 고소한 맛이 나는 덮밥. 국물이 자작한 덮밥은 퍽퍽하지 않아 먹기에 좋다.

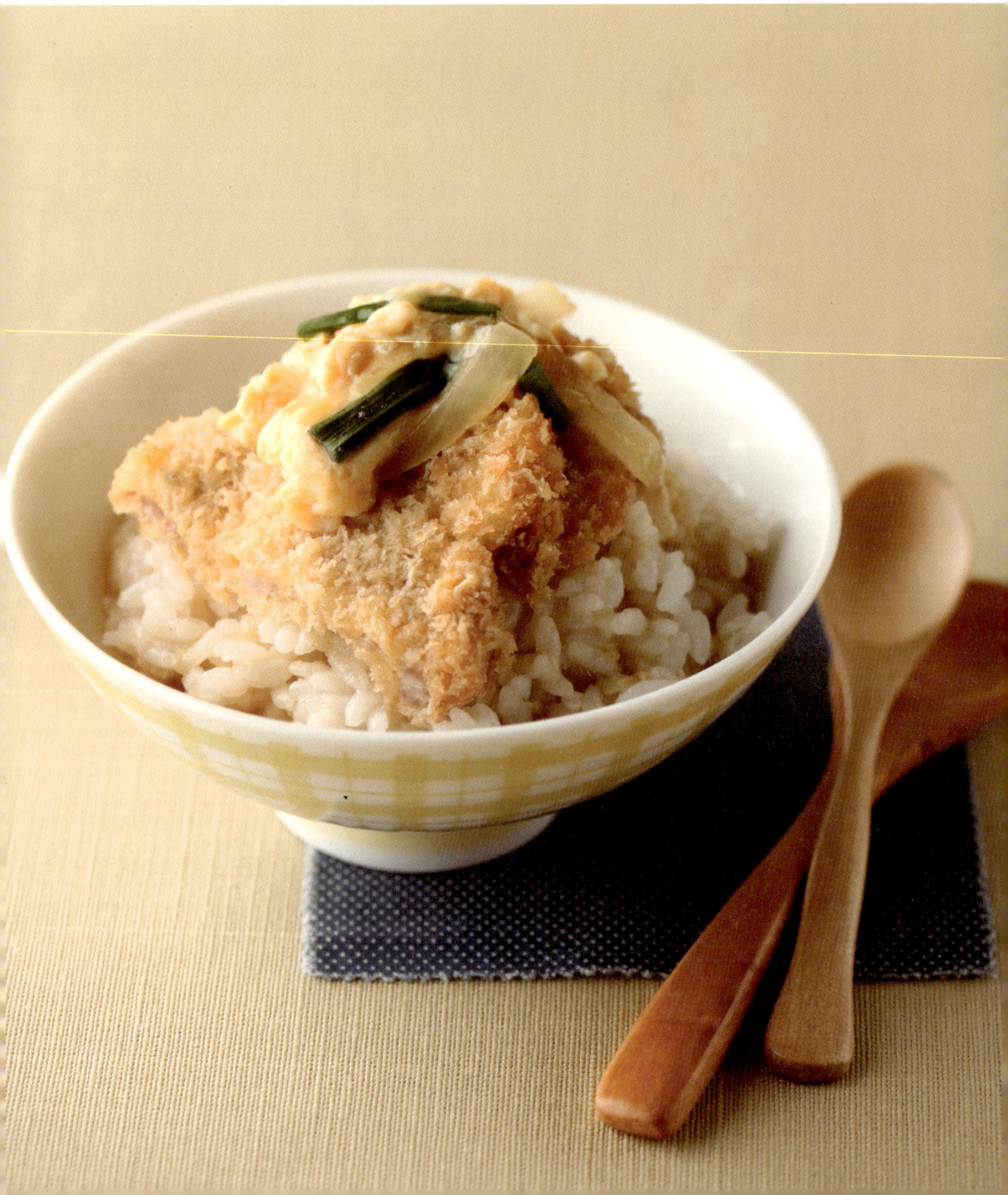

엄마수첩

지나치게 달거나 짜지 않게 만들어야

덮밥은 아이나 어른 모두 좋아하는 음식 중 하나. 다시마 국물에 간장으로 맛을 낸 덮밥은 국물이 맛을 좌우하는데 음식점에서 파는 것은 대부분 달고 간이 진하다. 아이에게 먹일 국물은 간장과 설탕 양을 줄여 심심하게 준비한다. 다시마 우릴 때도 흐르는 물에 한 번 씻어 표면에 남아 있는 짠맛을 덜어낸다.

재료 흰밥 1공기, 돼지고기(안심) 100g, 양파 ¼개, 쪽파 3줄기, 밀가루 ½컵, 빵가루 1컵, 달걀물 1개 분량, 우유 ½컵, 식용유 적당량
고기 양념 소금 ⅙작은술, 후춧가루 조금
덮밥 양념 간장 ⅔큰술, 달걀 2개, 다시마 국물 1컵

만들기

1 돼지고기 안심은 1cm 두께로 포를 떠서 비닐을 덮고 방망이로 두들긴다.

2 손질한 돼지고기에 우유를 붓고 10분간 재운 다음 소금, 후춧가루를 뿌려 밑간한다.

3 빵가루는 물 2큰술을 뿌려 촉촉하게 준비한다.

4 ②의 돼지고기에 밀가루, 달걀물, 빵가루 순으로 튀김옷을 입혀 식용유에 넣어 튀긴 다음 기름을 빼고 먹기 좋게 썬다.

5 양파, 쪽파는 3cm 길이로 썰고 달걀을 곱게 푼다. 냄비에 간장, 다시마 국물을 넣고 끓이다가 양파, 쪽파를 넣어 살짝 끓인다.

6 ⑤에 풀어놓은 달걀을 넣어 가장자리가 끓기 시작하면 불을 끈다. 밥 위에 잘라놓은 돈가스를 얹은 다음 그 위에 국물을 붓는다.

Tip

돼지고기를 우유에 담가두면 부드러워져

돼지고기 안심은 지방이 적어 퍽퍽한 편. 조리하기 전 우유에 담가두면 누린내가 제거되고 육질이 부드러워지며 돈가스가 한결 촉촉하다.

카레덮밥

카레는 아이들이 좋아하는 재료 중 하나로 생크림을 더하면
맛이 고소하고 부드럽다. 특히 카레의 주재료인 강황은 유제품과
함께 먹으면 흡수율이 높아져 아이들 건강식으로도 환영.

엄 마 수 첩

카레덮밥은
다양한 채소로 변화를
주기 좋은 음식

사과나 파인애플, 건포도 등을
넣어 맛의 변화를 주고 치즈나
우유를 넣어 고소한 맛을 더하면
한층 풍미 있는 카레를 맛볼 수
있다. 아이가 싫어하는 당근이나
양파는 갈아서 넣어도 되고
시금치를 썰어 넣으면 시금치인
줄도 모르고 먹는 아이가 많다.
같은 재료라도 조리법과
부재료를 다양하게 하면 음식에
대한 거부감이 없는 아이로 자랄
것이다.

재료 흰밥 1공기, 돼지고기(안심) 100g,
감자(중간 크기) ½개, 당근 ¼개, 양파 ¼개,
줄기콩 2개, 생크림 ½컵, 카레 가루 3큰술,
물 2컵, 식용유 1큰술
카레 카레 가루 4큰술, 물 ½컵

만들기

1 감자, 당근, 양파는 사방 1cm로 썰고,
줄기콩은 끓는 물에 삶은 다음 찬물에 헹궈
1cm 길이로 썬다.

2 돼지고기는 사방 1.5cm로 썰고, 카레
가루는 물을 부어 멍울 없이 섞어놓는다.

3 냄비에 식용유를 둘러 돼지고기를 넣고 반
정도 익을 때까지 볶는다.

4 돼지고기가 어느 정도 익으면 감자, 당근,
양파를 넣어 볶는다.

5 ④에 물 2컵을 붓고 고기와 채소가 푹
익도록 끓인 다음 카레 가루를 넣고
걸쭉해지도록 끓인다.

6 카레가 걸쭉해지면 생크림과 줄기콩을
넣어서 한 번 더 끓인 다음 밥 위에 끼얹는다.

Tip

생크림은 나중에 넣어야
맛이 풍부해져

카레를 끓일 때 처음부터 생크림을 넣으면
풍부한 맛이 살아나지 않는다. 모든 재료가
다 익고 카레도 어느 정도 걸쭉해지면 마지
막에 생크림을 넣는다.

영양 많은 김치와 친해지도록
하는 것이 엄마의 몫

김치는 우리 고유의 음식인 데다 발효 과학이 더해진 영양 만점 식품이다. 이유식을 시작해 간이 들어간 음식을 먹어도 될 즈음부터 김치를 씻어서 조금이라도 먹이면 아이가 김치에 대한 거부감 없이 잘 먹게 된다. 김치에는 다른 채소에는 없는 유산균이 들어 있어 신진대사를 활발하게 하고 정장 작용도 하는 등 긍정적인 요소가 많다.

김치볶음밥

4세 정도의 아이는 매운맛에 익숙하지 않으므로
배추김치를 물에 씻어 매운맛을 없앤다. 피망과 파프리카,
양파를 넣고 볶아 씹는 맛이 좋다.

재료 흰밥 1공기, 배추김치 잎 4장, 붉은 파프리카 ¼개,
피망 ¼개, 양파 ⅓개, 깨소금 1작은술,
참기름 ½작은술, 식용유 1큰술

만들기

1 김치는 소를 털어내고 찬물에 헹군 다음
5분 정도 담가 짠맛을 뺀다.

2 물에 씻은 김치는 사방 1cm 크기로 썰고,
양파와 피망, 파프리카는 사방 0.5cm로
썬다.

3 달군 팬에 식용유를 둘러 김치를 볶다가
밥을 넣어서 잘 섞어가며 볶는다.

4 밥에 피망과 파프리카, 양파를 넣어 한 번 더
볶은 다음 불을 끄고 참기름과 깨소금을
넣는다.

Tip

배추김치는 물에 헹궈
짠맛을 뺀 뒤 조리

아이가 먹을 배추김치는 짜지 않게 담그
는 게 좋은데, 따로 담그기 번거롭다면
어른용 김치를 물에 헹궈서 짠맛을 덜어
낸 뒤 먹인다.

새우볶음밥

입안에서 탱글탱글 터지는 새우와 새콤달콤한 파인애플이
밥 먹기 싫어하는 아이들의 입맛까지 찾아주는 음식.
말린 과일을 함께 넣어도 된다.

재료 흰밥 1공기, 칵테일새우 50g, 파인애플(2cm두께)
1토막, 피망 ¼개, 붉은 파프리카 ¼개,
양파 ¼개, 마른 블루베리 1큰술, 소금 ¼작은술,
후춧가루 조금, 식용유 1큰술,
굵은 소금(씻기용) 조금

만들기

1 칵테일새우는 소금을 조금 넣은 맑은 물에
흔들어 씻은 다음 체에 밭쳐 물기를 뺀다.

2 파인애플은 사방 1cm로, 피망, 파프리카,
양파는 사방 0.5cm로 썬다.

3 달군 팬에 식용유를 두르고 칵테일새우를
볶는다.

4 새우가 볶아지면 밥, 파인애플, 피망,
파프리카, 양파, 마른 블루베리를 넣고
소금과 후춧가루로 간을 하여 볶는다.

3세 이상

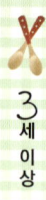

치즈오믈렛

다양한 채소와 치즈를 달걀 속에 넣어 푸짐하고 영양도
가득한 음식. 맛과 영양 면에서
한 접시만으로도 한 끼 식사로 충분하다.

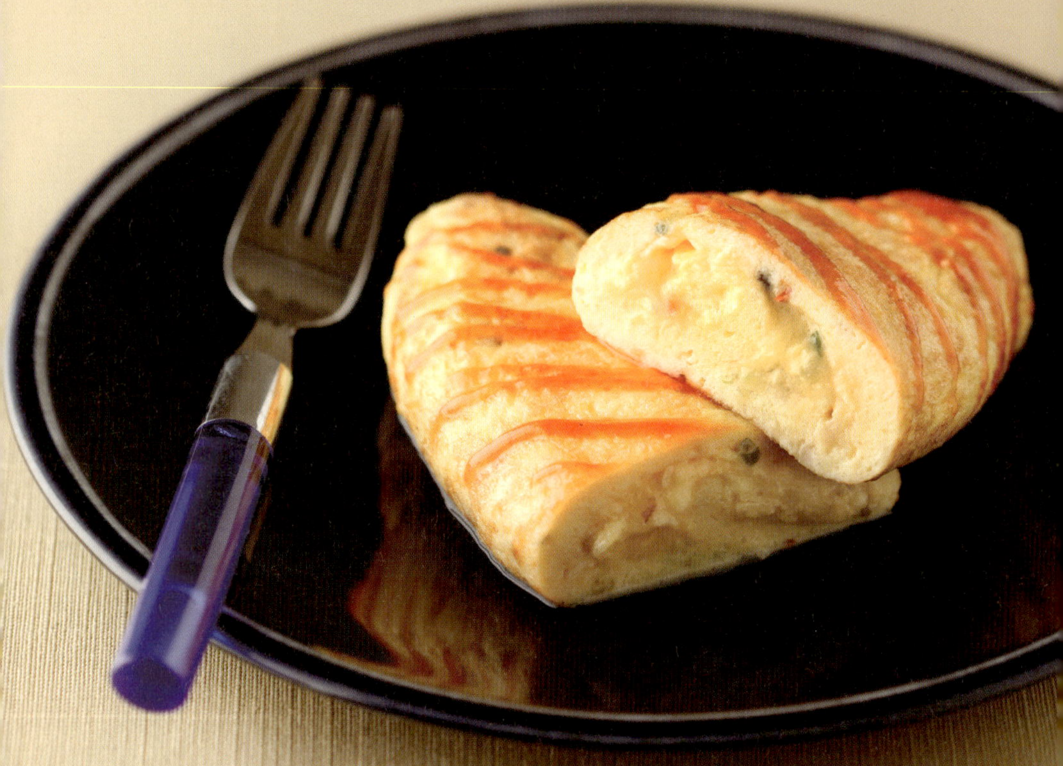

신선한 달걀
고르는 법과 보관법

달걀 고르는 방법은 주부라면
다 아는 상식이지만 표면이
거칠거칠하고 표면에 오염이
심하지 않은 것, 흔들어보아
소리가 나지 않는 것, 불에
비춰보았을 때 노른자가
가운데에 고정되어 있는 것이
좋다. 냉장고 문 쪽에는 달걀을
보관하지 않는 것이 좋다. 문을
열고 닫을 때 달걀이 흔들려
달걀흰자가 묽어지기 때문이다.

재료   달걀 4개, 소금 ⅓작은술, 채 썬 모차렐라 치즈
2큰술, 양파 ⅓개, 붉은 파프리카 ⅓개, 피망 ⅓개,
표고버섯 ½장, 쪽파 2줄기, 토마토케첩 적당량,
식용유 1큰술

만들기

1 볼에 달걀을 깨뜨려 넣고 소금을 넣어
잘 푼 다음 체에 거른다.

2 파프리카, 피망, 양파, 표고버섯은 잘게
다지고, 쪽파는 송송 썬다.

3 달걀에 채소를 섞은 다음 식용유를 두른
팬에 넣고 젓가락으로 저어가며 익힌다.

4 달걀에 멍울이 지면서 어느 정도 익으면
모차렐라 치즈를 고루 얹은 후 반달
모양으로 만든다. 토마토케첩을 뿌린다.

Tip

오믈렛은 코팅 잘된 팬에서
만들어야

오믈렛을 만들 때는 코팅이 잘된 팬을 사용
해야 하고 팬을 충분히 달군 다음 달걀을 부
어야 모양 잡기가 좋고 매끈하게 잘 마무리
된다.

캘리포니아롤

롤 전문점에서도 인기가 좋은 캘리포니아롤은
아이들도 잘 먹는다. 아삭한 사과를 마요네즈에 버무려
넣으면 상큼한 맛이 훨씬 좋다.

🔴🔴🔴🔴 엄 마 수 첩

아이도 음식 만들기에 참여시킨다

롤이나 김밥을 만들 때 아이도
함께 말아보게 한다면
아이에게는 좋은 추억이 된다.
다소 번잡해지더라도 김을 잘라
재료를 나눠주고 엄마나 아빠가
하는 방법 그대로 따라 하게
하면 모양은 어설퍼도 음식
만드는 즐거움과 음식의
소중함을 알게 된다. 김을 잘라
밥과 좋아하는 재료를 얹어 먹는
즉석 마키부터 시작해 다소
번잡한 김밥까지 시도해본다.

Tip

사과는 설탕물에 담가
갈변을 막는다

사과는 공기에 노출되면 금세 갈색으로
변한다. 갈변을 방지하는 양념은 소금, 설
탕, 식초인데 사과는 단맛과 신맛이 나므
로 설탕물에 담근다.

| 재료 | 흰밥 4공기, 김 4장, 사과 ½개, 날치알 3큰술, 달걀 2개, 게맛살 2줄, 깻잎 4장, 오이(길게 자른 것) ½개, 단무지 썬 것 4개, 마요네즈 2큰술, 굵은소금(절이기용) 조금, 식용유 적당량 |

촛물 식초 2큰술, 설탕 2큰술, 소금 ½작은술, 레몬즙 1큰술

식촛물 물 1컵, 식초 ½작은술

설탕물 물 1컵, 설탕 ½큰술

만들기

1 사과는 채 썰어 설탕물에 담그고, 날치알은 체에 밭쳐 식촛물에 씻는다. 오이 자른 것은 씨를 제거하고 소금에 살짝 절인다. 단무지는 헹구고 게맛살은 반으로 자른다.

2 팬에 식용유를 둘러 지단을 부치고 1cm 폭으로 썬다. 설탕물에 담갔던 사과를 꺼내 마요네즈에 버무린다.

3 밥은 뜨거울 때 촛물을 넣고 섞은 뒤 식힌다.

4 비닐에 김발을 넣고 김의 거친 면이 위로 올라오도록 놓는다. 밥을 ⅔ 정도 편 다음 뒤집어 밥이 아래로 가게 한다.

5 밥이 올라가지 않은 부분의 김을 접어올린 다음 깻잎과 오이, 단무지, 게맛살, 달걀, 사과 채를 올려 돌돌 만다.

6 롤의 겉면에 날치알의 물기를 충분히 제거하여 고루 붙인 다음 먹기좋게 썬다.

채소김밥

냉장고 속에 있는 채소들만 모아도 뚝딱 만들 수 있는
간식 겸 식사로, 아이들에게 다양한 채소를 먹일 수 있다.
남은 김밥은 달걀물을 입혀서 전으로 부쳐도 별미다.

재료 흰밥 4공기, 김 4장, 당근 ⅙개, 시금치 4줄기,
깻잎 8장, 어묵 2장, 게맛살 2줄, 단무지 썬 것 4개,
달걀 2개, 참기름 ½작은술, 식용유 2큰술,
소금 ½작은술
어묵조림 양념 간장 1작은술, 설탕 ½작은술,
맛술 1큰술, 물 ¼컵
밥 양념 소금 ⅓작은술, 깨소금 ½큰술,
참기름 ½작은술, 포도씨유 2큰술

만들기

1 어묵은 굵게 채 썰어 끓는 물에 데친 다음 분량의 어묵조림 양념에 조린다.

2 당근은 채 썰고, 단무지는 물기를 제거한다. 게맛살은 반으로 자른 다음 기름을 두르지 않은 팬에 살짝 굽는다.

3 시금치는 데친 다음 찬물에 담가 식혀서 물기를 꼭 짠 다음 참기름을 넣어서 무친다. 달걀은 부쳐 어묵과 같은 크기로 썬다.

4 밥에 소금, 깨소금, 참기름, 포도씨유를 넣어 잘 섞는다.

5 김발을 깔고 김의 거친 면이 위로 오도록 놓은 다음 ⅔ 정도까지 밥을 편 다음 깻잎에 당근을 말아서 싸고 나머지 재료를 올린다.

6 김밥을 말아서 겉에 참기름을 바른 다음 썬다.

Tip

밥은 참기름과 포도씨유로 양념

김밥용 밥은 양념을 해서 넣는 게 맛있다. 밥을 양념할 때 참기름을 넣으면 향은 좋지만 밥 색깔이 갈색으로 변하므로 포도씨유를 함께 넣는다.

닭칼국수

구수한 닭칼국수는 특별한 반찬 없이 한 끼 식사로 좋다.
칼국수 반죽을 하루 전에 만들어두면 면발이 더 쫄깃하고
밀가루 냄새도 덜 난다.

밀가루로
음식을 만들 때
채소를 넉넉히 넣어야

국수나 당면, 파스타 등은
아이가 좋아하는 재료들.
밀가루와 전분은 산성이 강한
식품이라 다양한 채소를 넣어
맛과 영양의 균형을 맞추는 것이
좋다. 밀가루 반죽을 밀어
국수를 만들 때 면을 너무 굵게
하면 밀가루 냄새가 나고 익는
시간이 오래 걸린다.

재료　닭다리살 3조각, 당근 ¼개, 양파 ½개,
　　　　대파 ¼대, 다진 마늘 1작은술, 국간장 2작은술,
　　　　덧가루용 밀가루 1컵, 물 11컵
　　　　반죽 밀가루 3컵, 달걀 1개, 소금 ¼작은술,
　　　　물 ⅝컵
　　　　향채 양파 ⅙개, 대파(3cm) 1토막,
　　　　맛술 ½큰술, 통후추 ⅓작은술

만들기

1　밀가루, 달걀, 소금, 물을 모두 섞어 차지게
　　반죽한 다음 비닐에 싸 30분간 둔다.

2　닭다리살은 찬물에 담갔다가 끓는 물에 데친
　　다음 물 8컵과 향채를 넣어서 20분간 삶는다.
　　삶은 닭다리살은 잘게 찢고 국물은 걸러놓는다.

3　당근, 양파는 3cm 길이로 곱게 채 썰고,
　　대파는 어슷하게 썬다.

4　반죽이 말랑해지면 밀대로 얇게 밀어서
　　덧가루용 밀가루를 넉넉히 발라 0.3cm
　　폭으로 썬 다음 가루는 턴다.

5　냄비 2개를 올리고 한쪽에는 ②의 닭 국물을,
　　한쪽에는 물 3컵을 넣어 끓인다.

6　칼국수 면을 뜨거운 물에 삶아 건진 후 끓고
　　있는 닭 국물에 넣고, 채소와 마늘, 국간장을
　　넣어 한소끔 더 끓인다.

Tip

칼국수 면을 애벌로 삶아
닭 국물에 넣는다

덧가루가 묻은 칼국수 면을 바로 닭 국물에
넣으면 국물이 탁해지고 텁텁하다. 끓는 물
에 칼국수를 애벌로 삶아 건진 다음 팔팔 끓
는 닭 국물에 넣는다.

해물수제비

건강에 좋은 해물을 듬뿍 넣고 끓인 수제비는 별식으로
좋다. 홍합과 바지락을 껍데기째로 국물에 넣으면
호기심이 생겨 아이들이 더욱 잘 먹는다.

밥상 교육은
음식 재료 설명에서
시작

단어를 알고 말하는 것에 한창
재미를 붙일 시기의 아이는
스펀지 같다. 홍합이나 바지락은
생김새가 달라 음식을 먹으면서
자연스럽게 아이에게 이름을
가르쳐줄 수 있어 좋다. 이름을
알면서 맛을 느끼는 것을
반복하는 이런 교육은 그 시기가
아니면 할 수 없는 산교육.

재료   바지락 200g, 홍합 250g, 당근 ¼개, 양파 ½개,
대파 ⅓대, 국간장 1큰술, 다진 마늘 1작은술, 물 6컵
반죽 밀가루 3컵, 달걀 1개, 소금 ¼작은술, 물 ¾컵
소금물 물 1½컵, 소금 1작은술

만들기

1 바지락은 소금물에 담가 2시간 정도
해감하고, 홍합은 수염을 뗀 다음 문질러
씻는다.

2 당근은 얇게 반달로 썰고, 양파는 채 썬다.
대파는 어슷하게 썬다.

3 볼에 밀가루, 달걀, 소금, 물을 넣어서
차지게 반죽한 뒤 젖은 면 보로 덮어놓는다.

4 손질한 홍합과 조개는 냄비에 넣고 물 6컵을
부어 삶은 뒤 국물이 뽀얗게 우러나면 살만
발라놓고, 국물은 면 보에 걸러놓는다.

5 ④의 국물을 냄비에 담고 끓으면 ③의
반죽을 넓고 얇게 떼어 넣는다.

6 살을 발라놓은 조개와 홍합, 당근, 양파,
대파, 다진 마늘을 넣고 국간장으로 간한다.

Tip
해물류 육수는
짠맛 조절을 잘해야

해물로 육수를 낼 때 해물에서 짠맛이 나오
기 때문에 간 조절을 잘해야 한다. 조개는
살만 발라내는 것보다 껍질째 육수를 내면
국물 맛이 훨씬 진하고 구수하다.

볶음우동

타우린이 풍부하고 원기 회복에 좋은 낙지를 넣은
볶음우동. 낙지는 활동량이 많은 아이들에게 좋은데,
낙지 대신 오징어나 주꾸미를 넣어도 된다.

조리법을 달리해 아이의 입맛을 다양화해야

우동 면은 국물 없이 볶거나 무쳐 조리해도 맛있다. 채소를 다양하게 넣어 볶아도 좋고, 소스를 만들어 채소를 곁들여 샐러드로 만들어도 맛있다. 우동 면은 끓는 물에 삶아 건지면 삶은 후에도 쫄깃한 맛이 오래 유지되고 식어도 맛이 변하지 않는 편. 다양한 조리법으로 아이의 입맛을 업그레이드해보자.

재료　우동(숙면) 1봉지, 낙지(작은 것) 1마리, 당근 ⅙개, 양파 ¼개, 양배추 잎 2장, 느타리버섯 40g, 피망 ¼개, 붉은 파프리카 ¼개, 간장 ½큰술, 가쓰오부시 ¼컵, 식용유 1큰술, 밀가루 1큰술

만들기

1 낙지는 내장과 입, 눈을 제거한 다음 밀가루를 넣고 바락바락 문질러 씻은 다음 4cm 길이로 썬다.

2 당근, 양파, 양배추는 3cm로 채 썰고, 느타리버섯은 밑동을 제거한 다음 3cm 길이로 자른다. 피망과 파프리카는 씨를 제거하여 양파와 같은 크기로 썬다.

3 우동은 끓는 물에 데친 다음 체에 밭쳐 물기를 뺀다.

4 팬을 달궈 식용유를 두르고 낙지, 당근, 양파, 양배추, 느타리버섯을 볶는다.

5 ④에 데친 우동과 간장을 넣어 볶다가 피망, 파프리카를 넣고 한 번 더 볶는다.

6 그릇에 볶음우동을 담고 가쓰오부시를 뿌린다.

Tip

낙지는 밀가루로 주물러 씻는다

낙지는 표면에 미끌미끌한 물질이 있는데 이를 씻어내지 않으면 비린 맛이 난다. 밀가 루로 바락바락 문질러 씻으면 잡내와 비린 내도 잡고 낙지도 연해진다.

엄 마 수 첩

스파게티를 삶기 전에
부러뜨리면 좋아

초등생보다 어린 아이를 위한 것이라면 삶기 전에 스파게
티 면을 2~3등분으로 자른다. 면이 짧아지면 소스에 잘 버
무려지는 데다 먹을 때 아이 옷이나 얼굴에 튀는 것도 방
지할 수 있다. 성격이 깔끔한 아이는 어릴 때부터 음
식 먹다가 옷이나 얼굴에 묻으면 닦느라 음식
먹는 것은 뒷전인 경우가 많다.

토마토소스스파게티

아이들이 특히 좋아하는 스파게티는 어떤 재료를 넣느냐에 따라서 다양한 맛을 즐길 수 있다. 재료와 소스를 바꿔가며 조리해 다양한 맛을 내본다.

재료　스파게티 면 100g, 홀 토마토 1컵, 닭가슴살 1조각, 굴소스 1작은술, 바질 잎 4장, 올리브유 1큰술, 치킨스톡 ½컵, 소금 ½작은술, 후춧가루 조금

만들기

1 끓는 물에 올리브유 1큰술, 소금 조금을 덜어 넣은 다음 스파게티 면을 8분 동안 삶는다.

2 닭가슴살은 사방 1.5cm로 썰고 나머지 소금을 넣어서 밑간한다.

3 팬에 홀 토마토를 으깨서 담고 굴소스를 넣어서 끓이다가 밑간한 닭과 치킨스톡을 넣어 끓인다.

4 닭가슴살이 익으면 삶은 스파게티 면을 넣어 버무린 다음 접시에 담는다. 후춧가루를 뿌리고 바질을 곁들인다.

Tip

다양한 파스타를 고루 조리에 이용한다

스파게티 면이 가장 대중적이긴 하지만 펜네, 파르펠레 등 모양이 예쁘고 먹기 좋은 파스타가 의외로 많다. 색과 모양이 다양한 파스타로 변화를 준다.

애호박잔치국수

애호박은 몸을 따뜻하게 해줄 뿐 아니라 시원하게도 해주기 때문에 열이 많거나 적은 아이 모두에게 좋은 식품이다. 잔치국수는 여러 가지 고명과 어우러져 부담스럽지 않게 후루룩 먹을 수 있다.

엄마 수첩

멸치 국물은 3일에 한 번 정도 만들어 보관하면 편리해

육수의 종류가 많아도 멸치와 다시마, 버섯 등을 넣어 만든 멸치 국물이 가장 대중적. 한 번 만들 때 3ℓ 정도 물을 붓고 멸치와 다시마, 버섯 등을 넣어 20분 정도 푹 끓인 후 건지를 건지고 식혀 냉장고에 넣어두면 3~4일은 맛의 변화 없이 보관할 수 있다. 이렇게 멸치 국물을 만들어놓으면 조리 시간을 줄일 수 있어 편리하다.

재료 소면 70g, 애호박 ⅓개, 다진 소고기 40g, 달걀 1개, 굵은소금(절이기용) ⅓작은술, 식용유 ½큰술
소고기 양념 간장 ¼작은술, 설탕 ¼작은술, 참기름 ¼작은술
장국 국물 국물용 멸치 6마리, 다시마(사방 5cm) 2장, 간장 1½큰술, 물 2½컵

만들기

1 애호박은 0.3cm 두께로 얇게 썰어서 곱게 채 썬다. 애호박에 소금 ⅓작은술을 뿌려 절인 다음 씻어서 물기를 꼭 짠다.

2 달군 팬에 식용유를 두르고 절인 애호박을 볶아서 식힌다.

3 다진 소고기는 분량의 양념을 넣어 섞은 다음 고슬고슬하게 볶아서 식힌다. 달걀은 흰자와 노른자를 분리해 지단을 부쳐서 채 썬다.

4 냄비에 머리와 내장을 제거한 멸치와 다시마, 물을 넣어 거품이 날 정도로 끓인 다음 건더기를 건지고, 간장을 넣어서 끓인다.

5 끓는 물에 소면을 삶는다. 물이 끓어오르면 찬물 ½컵을 부어 쫄깃하게 삶는다.

6 삶은 소면을 비벼가며 씻은 다음 그릇에 담고 애호박, 고기, 달걀지단을 올리고 국물을 붓는다.

Tip

고명으로 변화를 준다

고명만 달리해도 잔치국수의 맛이 달라진다. 달걀을 풀어서 지단을 부쳐서 곁들이거나 채 썬 오이나 버섯을 볶아서 얹어도 된다.

Part 6

입 짧은 아이도 잘 먹는
영양 죽

단단한 음식 씹는 걸 싫어하고 골고루 잘 먹지 않는
아이들에게 죽 한 그릇은 구세주와 같은 음식. 고기,
생선, 해물, 채소를 고루 넣어 부드럽게 푹 끓이면 많이
씹지 않아도 후루룩 잘 넘어가기 때문에 아이들
영양식으로 안성맞춤이다.

· 부드러운 단맛이 좋은 **단호박죽**
· 머리 좋아지고 몸도 튼튼해지는 **채소달걀죽**
· 고소하고 소화가 잘되는 **소고기미역죽**
· 장이 약한 아이를 위한 **단팥죽**
· 활동량 많은 아이의 기력 보충 **닭고기영양죽**
· 고기 싫어하는 아이 위한 **브로콜리우유죽**
· 소화가 잘되고 먹고 나면 속이 든든 **흰살생선채소죽**
· 김치 싫어하는 아이도 한 그릇 뚝딱 **김치콩나물죽**

맛있고 영양 많은 죽, 간편하게 만들기

》 가루를 준비해놓으면 죽 끓이기가 쉽다

아이가 아침밥을 잘 안 먹거나 아프고 난 뒤 입맛 없어 할 때
죽 한 그릇 끓여주면 잘 먹는다. 먹기에 부담 없고 소화도 잘되기 때문.
멥쌀가루, 찹쌀가루, 현미 가루, 흑미 가루 등의 곡류를 미리 가루로
만들어두면 빠른 시간 안에 간편하게 죽을 끓일 수 있다. 또 쌀을
불려서 빻은 뒤 죽을 끓이면 시간을 단축할 수 있다.

》 밥으로 죽을 끓이는 방법도 편리하다

밥에 육수를 넣고 밥알이 풀어지도록 푹 끓이면 간단하게
죽을 쑬 수 있다. 쌀을 불려서 죽을 쑤면 시간이 오래
걸리지만 갓 지은 밥을 덜어서 죽을 쑤거나 찬밥을 이용하면
빠른 시간 안에 간편하게 죽을 쑬 수 있다.

》 맹물 대신 육수를 넣으면 영양 만점

죽을 쑬 때 맹물을 넣기보다 다시마, 멸치, 닭고기, 소고기 육수 등을
입맛에 따라서 준비해두고 그때그때 넣어서 죽을 끓이면 훨씬 맛도
좋고 영양도 풍부해진다. 육수는 냉장고에서 2~3일 정도 보관
가능하고 좀 더 오랫동안 보관하려면 냉동실에 넣어 1주일 정도
보관해두고 이용한다.

≫ 되직한 죽을 냉동 보관했다가 이용하면 간편하다

죽은 간절기에 입맛이 없거나 소화가 잘 안될 때 먹이면
아이들에게 좋다. 쌀은 도정한 지 얼마 안 된 것으로 고르고
쌀알이 균일하면서 씨눈이 있는 것이 좋다. 이런 쌀을
이용해서 되직하게 죽을 쑨 다음 1회 분량씩 나누어 밀폐
용기에 담아서 냉동 보관해두었다가 필요할 때마다 꺼내서
각종 채소나 육류, 생선을 넣고 육수를 부어서 끓이면
시간을 단축할 수 있어 간편하다.

≫ 녹색 채소류는 마지막에 넣어야 풋내가 안 나

죽을 쑬 때 단단한 재료는 미리 넣어서 쌀과 같이 끓이고
흰 채소도 익는 정도에 따라 중간 단계나 처음부터 넣는다.
다만 녹색 채소는 끓는 물에 삶아서 먹기 직전에 넣어야
죽의 색도 예쁘고 맛도 좋다. 녹색 채소는 오래 가열하면
특유의 풋내가 나서 죽의 맛을 떨어뜨리기 때문이다.

맛 & 영양 끌어올리는 찰떡 궁합

사과 & 고구마
생고구마를 자르면 하얀 전분이 나오는데, 이는
아마이드라는 성분으로 변비에 좋다. 고구마를
먹으면 속이 부글거리면서 방귀가 잘 나는 게 바로
이 성분 때문. 사과를 함께 먹으면 사과 속의 펙틴이
이런 증세를 완화시킨다.

돼지고기 & 표고버섯
돼지고기에는 단백질과 지방이, 표고버섯에는
식이섬유와 무기질이 많다. 또 고기를 섭취하면서
발생하는 독성을 표고버섯이 흡착해서
배출시킨다.

브로콜리 & 양파
브로콜리는 비타민 C가 풍부한 항바이러스 식품.
저항력을 높이는 인터페론이라는 성분도
풍부한데, 양파를 함께 먹으면 이 성분이 증가한다.

소고기 & 깻잎
소고기에는 단백질은 많지만 칼슘, 비타민 A,
비타민 C가 거의 없다. 반면에 이런 성분이 많은
깻잎과 함께 먹으면 보충할 수 있다.

감자 & 치즈
감자는 탄수화물, 비타민 C가 풍부하지만
비타민 A, 비타민 B, 칼슘, 인 등의 다른 영양소가
부족하다. 치즈와 같이 먹으면 이런 영양소를 채울
수 있다.

3세 이상

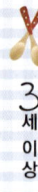

단호박죽

단호박은 비타민과 미네랄이 풍부해 면역력을 강화하는 효과가 있다. 감기를 달고 살거나 잔병치레가 잦은 아이에게 자주 먹이면 도움이 된다.

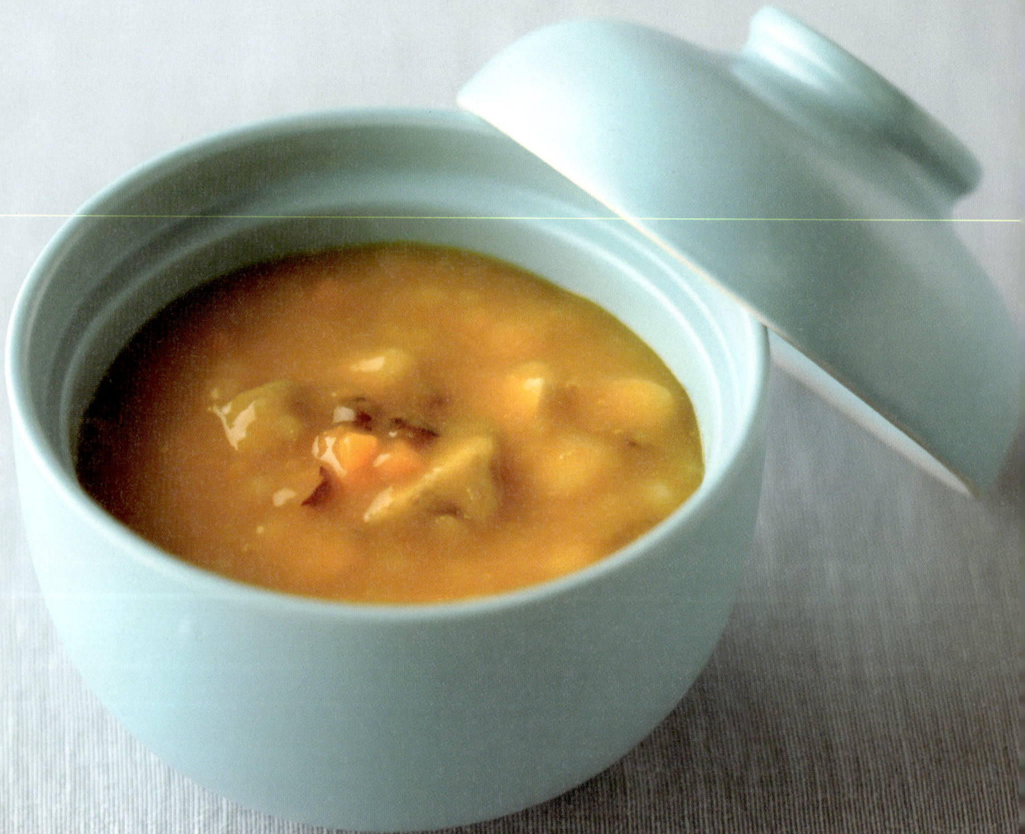

단호박은
간식으로도 좋아

단호박은 특유의 단맛과 향으로
속과 씨를 제거한 후 찌거나 삶아
먹어도 좋고 숟가락으로 긁어
계핏가루를 더하고 잣이나 다진
호두를 섞어 먹어도 맛있다.
설탕을 따로 넣지 않아도 단맛이
충분하다.

재료   단호박 ¼개, 멥쌀가루 ½컵, 밤 2개, 대추 1개,
설탕 1작은술, 소금 ½작은술, 물 4¼컵

만들기

1 준비한 단호박의 80%는 씨와 껍질을
제거하여 3cm 크기로 잘라서 냄비에 넣고
물 4컵을 부어 끓인다.

2 ①의 단호박이 으깨질 정도로 부드러워지면
믹서에 넣어 곱게 간다.

3 밤은 껍질을 벗겨 사방 1cm로 자르고,
대추는 돌려 깎아 사방 0.3cm로 썬다.
남은 20%의 단호박도 대추와 같은 크기로
자른다.

4 멥쌀가루에 물 ¼컵을 넣어 고루 섞는다.

5 냄비에 ②의 곱게 간 단호박, ③의 썰어놓은
밤을 넣고 푹 끓이다가 ④를 넣어 멍울이
지지 않도록 저어가면서 끓인다.

6 다진 대추를 넣고 설탕, 소금으로 간을 맞춘
다음 고루 저어가면서 끓인다.

Tip

껍질째 끓이면 영양 up!

단호박 껍질에도 과육 못지않은 영양
소가 들어 있어 세 살 미만의 아이가 아
니라면 껍질째 죽을 끓여 먹인다.

죽을 끓일 때
찹쌀을 이용하면 속이 더 든든

아이뿐 아니라 어른들의 아침 식사나 속 불편한 날 식사
로도 좋은 죽. 죽을 끓일 때 쌀 대신 찹쌀을 불려 끓이면
차진 맛이 더 좋고 속이 든든하다. 요즘에는 향이 나
는 찹쌀도 있는데 이 찹쌀로 죽을 끓이면 향이
더해져 한층 더 맛있다.

채소달걀죽

뇌의 기능을 발달시키는 레시틴이 풍부한 달걀, 면역력 강화에 도움 되는
표고버섯, 항산화 기능의 카로틴이 많은 당근 등 성장기 어린이에게
꼭 필요한 성분이 가득한 영양 죽이다.

재료   불린 멥쌀 ⅓컵, 표고버섯 1장, 당근(2cm) 1토막,
쪽파 1줄기, 달걀 1개, 소금 ⅓작은술, 깨소금 1큰술,
참기름 1작은술, 물 2½컵

만들기

1 표고버섯은 뜨거운 물에 불린 다음 사방
0.3cm 크기로 잘게 썬다.

2 당근도 표고버섯과 같은 크기로 다지고,
쪽파는 다듬어 송송 썬다. 달걀은 풀어서 체에
거른다.

3 냄비에 불린 멥쌀, 버섯, 물을 넣고 끓기
시작하면 당근을 넣고 쌀알이 푹 퍼지도록
끓인다.

4 ③의 죽을 10분 정도 끓여 불을 끈 다음 달걀
푼 것을 넣어서 잘 섞고 5분 정도 그대로 둔다.

5 ④의 죽에 소금을 넣어서 간을 맞추고 쪽파를
넣어 고루 섞은 뒤 참기름, 깨소금을 넣는다.

Tip

달걀은 한 김 나간 뒤 풀어 넣어야 부드러워

달걀은 너무 뜨거울 때 넣으면 덩어리지고
단단해져 맛이 떨어진다. 죽을 충분히 끓여
한 김 내보낸 다음 달걀을 넣고 고루 섞어서
그대로 두면 부드럽다.

소고기미역죽

미역에는 칼슘이 듬뿍 들어 있어 뼈와 치아를
튼튼하게 해준다. 단백질이 풍부한 소고기와 함께
먹으면 단백질 흡수도 더 좋아진다.

엄·마·수·첩

소고기 등심은
다른 부위보다
지방이 적어

소화가 잘 안되거나 속이 불편할
때 끓이는 죽이라면 소고기는
등심 부위가 가장 적당하다.
등심은 안심이나 갈빗살에 비해
지방 함유량이 가장 적어 고소한
맛은 약하지만 소화에는 별
무리가 없다. 소고기를
참기름으로 볶다가 쌀을 넣고
볶으면 쌀에 깊숙하게 맛이
배어들어 더욱 맛있다.

재료   마른 미역 10g, 소고기(등심) 20g, 불린 멥쌀 ⅓컵,
참기름 1작은술, 국간장 1작은술, 소금 ⅙작은술,
깨소금 ½큰술, 물 2½컵

만들기

1   미역은 부드럽게 불린 다음 잘게 썬다.

2   소고기는 기름기 없는 등심으로 준비해
사방 0.3cm 크기로 잘라서 냄비에 참기름,
국간장과 함께 넣어 달달 볶는다.

3   소고기 볶은 것에 불린 멥쌀을 넣고 볶다가
물을 부어 푹 끓인다.

4   쌀알이 어느 정도 퍼지면 다진 미역을 넣고
눌어붙지 않도록 고루 저어가면서 끓이다가
소금, 깨소금으로 간을 맞춘다.

Tip

소고기와 쌀을 볶으면
맛과 영양이 더 풍부해져

소고기와 쌀은 한 번 볶은 뒤 죽을 쑤면 소
고기의 육즙과 영양분이 쌀에 배어들어
죽이 더 감칠맛 나고 구수하다.

단팥죽

팥에는 식이섬유가 풍부해 장운동을 잘되게 해주며
변비에도 도움이 돼 장운동이 미숙한 아이들에게 딱 좋다.
팥에 들어 있는 사포닌은 항산화 효과도 있다.

팥 끓이는 시간을 줄이려면 반나절 정도 불려야

팥을 애벌로 끓이고 첫 물을 따라버리고 다시 물을 부어 1시간 정도 뭉근히 끓여도 되지만, 반나절 정도 물에 담가 불린 후 삶으면 짧은 시간에 부드럽게 삶을 수 있다. 삶을 때 부르르 끓어오르면 팥을 하나 건져보아 딱딱하지 않으면 물을 따라버리고 다시 물을 부어 한소끔 더 끓인다.

재료   팥 ½컵, 가래떡(5cm) 1토막, 밤 4개, 황설탕 3큰술, 물녹말 2큰술, 소금 ⅓작은술, 물 10컵

만들기

1 팥은 씻어서 돌을 골라내 냄비에 물 2컵과 함께 넣어 끓으면 물을 따라버린다. 다시 물 8컵을 부어서 팥알이 푹 퍼지도록 1시간 이상 끓인다.

2 팥물이 4컵 정도 남으면 믹서에 넣어서 곱게 간 다음 체에 거른다. 가래떡은 0.5cm 두께로 썬다.

3 믹서에 간 팥을 냄비에 담고 사방 2cm로 자른 밤을 넣어서 밤이 익도록 끓인 다음 설탕을 넣는다.

4 밤이 부드럽게 익으면 가래떡, 소금을 넣고 물녹말을 넣어가며 농도를 맞춘다.

Tip
팥 삶은 첫 물은 버려야 쓴맛이 나지 않는다

팥죽에 넣을 팥은 한 번 끓인 뒤 물을 따라버려야 쓴맛이 나지 않는다. 이렇게 하면 팥 속의 사포닌 성분 때문에 설사하는 것을 막을 수 있다.

닭고기영양죽

닭고기는 지방이 적고 질 좋은 단백질이 풍부해서 성장기 아이의 근육이나 골격을 만드는 데 유익하다. 특히 닭가슴살이나 안심은 지방이 없어서 아이들을 위한 단백질 공급원으로 훌륭하다.

감자를 넣고 끓인 백숙 국물에 죽을 끓이면 맛있어

백숙용 닭 한 마리를 마늘과 대파, 양파, 감자를 함께 넣고 삶은 후 닭은 건져 백숙으로 즐기고, 백숙을 먹는 동안 미리 불려놓은 찹쌀이나 멥쌀을 국물에 넣어 끓이면 죽도 빨리 끓여지고 진한 국물 덕에 죽의 맛도 진하다. 감자를 통으로 넣어 함께 끓이면 밥알이 퍼지면서 감자와 어우러져 구수한 맛이 더 좋아진다.

재료 닭가슴살 1조각, 불린 찹쌀 ½컵,
연근(3cm) 1토막, 시금치 30g(약 3줄기), 대추 1개,
검은깨 ⅓큰술, 소금 적당량, 물 6컵
식촛물 물 ½컵, 식초 ½작은술
향채 마늘 1쪽, 양파 ¼개, 생강 ½쪽,
통후추 ½작은술

만들기

1 닭가슴살은 찬물에 잠깐 담갔다가 끓는 물에 한 번 데친다.

2 냄비에 물 6컵을 붓고 마늘, 양파, 생강, 통후추를 넣고 끓으면 데친 닭가슴살을 넣어 삶는다.

3 연근은 껍질을 벗겨 사방 2cm 크기로 얇게 썰어서 식촛물에 담가둔다.

4 시금치는 다듬어 씻어서 물기를 제거한 다음 2cm 길이로 썬다. 대추는 돌려 깎아서 사방 0.5cm로 썬다.

5 ②의 삶은 닭가슴살은 작게 찢고, 국물은 체에 걸러서 불린 찹쌀, 연근과 같이 넣고 끓인다.

6 쌀알이 부드럽게 퍼지면 시금치, 대추를 넣고 검은깨를 넣어서 한 번 더 끓인다.

Tip

닭고기는 애벌로 데쳐야 깔끔해

닭고기는 조리하기 전 찬물에 담가서 핏물을 뺀 뒤 끓는 물에 데치면 닭고기 특유의 누린내가 나지 않아 깔끔하고 구수한 맛의 죽을 만들 수 있다.

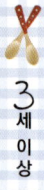
브로콜리우유죽

단백질이 풍부한 우유와 식이섬유, 칼슘, 비타민 A·C 등이
다양하게 들어 있는 브로콜리를 함께 넣고 끓인 죽으로
한 그릇만으로도 영양이 가득하다.

**현미는
충분히 불린 후
죽을 끓여야**

현미는 일반 백미에 비해
영양가가 많고 칼로리가 낮아
일반 성인들에게 적극 권장된다.
하지만 소화기가 약한
아이에게는 무리일 수 있으므로
물에 담가 부드럽게 불린 후
죽을 끓이는 것이 좋다. 불린
현미를 믹서에 넣어 곱게 간 후
죽을 끓이는 방법도 고려해볼
만하다.

재료   현미 ½컵, 브로콜리 60g, 우유 1컵, 물 4컵

만들기

1   현미는 깨끗이 씻어 찬물에 2시간 정도
불린다.

2   브로콜리는 큼직하게 잘라서 끓는 물에
데쳐 찬물에 담갔다가 물기를 제거하고 사방
1cm로 자른다.

3   불린 현미는 냄비에 넣고 물을 부어 푹 퍼질
정도로 끓인다. 현미가 부드럽게 퍼지면
우유를 넣어서 좀 더 끓인다.

4   죽이 걸쭉해지면 브로콜리를 넣고 한 번 더
끓인다.

Tip

**우유를 넣은 뒤엔
잠깐만 끓인다**

우유가 들어간 죽은 우유를 넣고 오랫동안
끓이지 않도록 한다. 재료를 넣고 충분히 끓
인 뒤 재료가 다 익으면 우유를 넣고 조금만
끓여야 고소한 맛이 잘 살아난다.

3세 이상

엄마수첩

**자극이 적은 흰 살 생선은
소화도 잘돼**

이유식 초기에 준비하기 좋은 흰 살 생선. 비린내가 나지 않고 질 좋은 단백질이 풍부해 폭풍 성장기의 아이에게도 좋다. 가자미는 생태나 대구에 비해 기름기가 조금 더 많아 고소한 맛이 진하다. 그러나 소화가 잘 안될 수도 있으므로 평소 아이의 소화 상태를 체크한 후 흰 살 생선을 고른다.

흰살생선채소죽

흰 살 생선은 지방이 적고 단백질이 풍부하면서
소화가 잘되기 때문에 아이들에게 특히 좋은 재료이다.
가자미살, 동태살, 대구살 등을 사용하면 무난하다.

재료   흰 살 생선 80g, 멥쌀 ⅓컵, 애호박(1cm) 1토막,
당근(1cm) 1토막, 고구마(중간 크기) ½개,
참기름 ½큰술, 소금 ⅓작은술, 물 4컵

만들기

1   흰 살 생선은 씻어서 물기를 제거한 다음
사방 2cm로 썬다. 애호박과 당근은 사방
0.3cm로 잘게 썬다.

2   고구마는 껍질을 벗겨 씻어서 사방 2cm로
얇게 썰어 찬물에 담가둔다.

3   멥쌀은 씻어서 찬물에 30분간 담갔다가
체에 밭쳐 물기를 빼고, 냄비에 참기름과
함께 넣어 달달 볶는다.

4   ③의 멥쌀에 물을 부어 끓이다가 고구마를
넣고 끓인다. 고구마가 익으면 애호박, 당근,
흰 살 생선을 넣어서 더 끓이다가 소금으로
간을 맞춘다.

Tip
흰 살 생선은
마지막에 넣는다

흰 살 생선은 익으면 금방 부스러지고 오래
익히면 살이 단단해진다. 죽을 끓일 때 처음
부터 생선을 넣기보다 다른 재료를 모두 넣
고 익으면 마지막에 넣어 익힌다.

김치콩나물죽

김치를 잘게 썰어서 콩나물을 더해 죽으로 끓이면
김치를 좋아하지 않는 아이도 잘 먹는다. 콩나물에는
식물성 단백질과 비타민 C가 많이 들어 있다.

김치의 맛과 친해지게 할 만한 음식

잘 익은 김치의 맛과 시원한
콩나물이 어우러진 김치죽은
어른 아이 모두 즐겨 먹을 만한
음식이다. 김치를 잘 먹지 않는
아이는 보통 익지 않은 것을
좋아하는 경향이 있다. 사실
김치는 적당히 시어야 맛이 좋고
몸에도 좋다. 신 김치는 익히면
쫄깃한 맛은 살고 김치 특유의
신맛은 누그러지므로 입맛
까다로운 아이를 위해
만들어본다.

재료　배추김치 잎 3장, 콩나물 60g, 밥 1공기,
다진 마늘 ¼작은술, 쪽파 1줄기, 김 가루 1큰술
멸치 국물 멸치 5마리, 다시마(사방 5cm) 2장,
물 2½컵

만들기

1 콩나물은 꼬리를 다듬어 찬물에 담가두고
김치는 속을 털고 한 번 씻은 후 잘게 썬다.

2 멸치는 머리와 내장을 제거한 뒤 다시마와
함께 냄비에 넣고 물을 부어 거품이 나면
불을 끄고 그대로 식힌다.

3 ②의 국물에서 멸치와 다시마를 건진다.
여기에 찬밥을 넣고 푹 퍼지도록 끓인 다음
김치를 넣어서 끓인다.

4 죽처럼 걸쭉해지면 콩나물과 마늘을 넣어
끓인 다음 불을 끄고 쪽파를 송송 썰어 넣어
고루 섞는다.

5 죽이 완성되면 그릇에 담고 김 가루를
뿌린다.

Tip
**멸치는 바짝 말려
국물을 내야 비린내가 나지 않아**

멸치는 젖어 있으면 비린 맛이 난다. 바짝 말
려서 국물을 내야 비린내가 안 나고 감칠맛
이 깔끔하다. 죽을 끓일 때 별도의 간은 하
지 않아도 된다.

Part 7

세 끼 식사만큼 중요한
간식

아이들에게 간식은 매 끼니만큼 중요하다.
밥을 잘 안 먹는 아이, 입이 짧은 아이라면
간식에 좀 더 신경 쓴다. 간식이야말로
부족한 영양을 보충하고 다양한 음식을
맛볼 기회이기 때문이다.

· 싫어하는 채소도 뚝딱 먹게 하는 **불고기토르티야피자**
· 시력에 좋은 블루베리를 얹은 **블루베리머핀**
· 신선 재료를 골라 넣어 안심 **미니햄버거**
· 소화 잘되고 체력 보충에도 굿! **닭가슴살샌드위치**
· 밥 안 먹는 아이에게 적당 **치즈떡볶이**
· 아이들이 제일 좋아하는 간식 **양념치킨**
· 먹으면서 똑똑해지는 **모둠견과시리얼바**
· 먹고 나면 속이 편안한 **밤양갱**
· 고소하고 부드러운 맛 **치즈푸딩**
· 피곤할 때 한 잔씩! **바나나스무디 & 딸기셰이크**

영양 만점 간식, 이렇게 준비하면 간편해요

≫ 과일을 얼리면 활용 방법이 다양해

딸기, 바나나, 키위, 파인애플 같은 과일은 한 번 먹을 분량씩 덜어서 냉동한다. 이렇게
얼린 과일은 우유나 두유를 넣어서 갈아 주스를 만들어 먹여도 좋고 아이스크림 대신
먹일 수도 있다. 이렇게 하면 시판하는 아이스크림이나 음료수를 대신할 수 있다.

≫ 다진 고기만 있으면 영양 간식이 뚝딱

햄버거 패티나 떡갈비 등의 다진 고기는
양념하여 1주일 정도 먹을 분량씩 나누어
준비해두고 냉동하면 필요할 때 꺼내서
바로 구워 조리할 수 있다. 햄버거 패티는
스테이크나 샌드위치에도 이용 가능하고,
잘게 다져서 볶음밥이나 스파게티 등에도
넣을 수 있다.

홈메이드 토르티야로 피자나 샌드위치를 후다닥

토르티야를 만들어서 냉동해두면 시판 제품을 사지 않고도 홈메이드 피자나 샌드위치, 롤 등을 다양하게 만들 수 있다. 만두피를 기름 없는 팬에 구워서 미니 토르티야를 만든 다음 젖은 천으로 덮었다가 냉동하면 쉽게 토르티야를 만들 수 있다.

양념불고기면 마음마저 든든

소고기불고기나 돼지고기불고기는 미리 양념한 다음 한 번 먹을 분량씩 덜어서 얇게 펴서 냉동한다. 이렇게 하면 해동 시간이 짧아져서 간단하게 다양한 간식을 만들 수 있다.

견과류나 시리얼은 비상 간식으로 적당

간식은 너무 배부른 음식보다는 영양 성분이 많은 것을 섭취하는 것이 좋다. 견과류나 시리얼을 미리 준비해두면 아이가 배고프다고 보챌 때 기다리게 하지 않고 내놓을 수 있다.

단맛 양념 삼총사, 제대로 활용하기

조청

찹쌀, 쌀, 수수, 옥수수 등의 곡식을 익힌 다음 엿기름으로 삭혀서 거른 물을 푹 고아 만든 천연당. 곡식 특유의 향과 함께 각종 미네랄이 풍부해 조림, 볶음, 무침 등에 두루 사용한다. 향이 강하거나 비린 맛이 많이 나는 재료에 넣거나 색이 짙은 요리를 할 때 넣는다. 조청의 감미도는 설탕의 30% 정도다.

올리고당

단맛은 나지만 체내에 흡수되지 않는 효소 합성으로 만들어졌으며 설탕과 달리 건강에 좋다. 올리고당은 설탕의 20~40% 정도의 감미도를 나타내며 칼로리가 설탕보다 낮다. 콜레스테롤을 개선하고 면역력을 키워주는 효과도 있다. 볶음, 조림, 무침 등에 주로 사용하며 흰색이나 색이 연한 음식에 주로 넣는다.

물엿

전분 시럽이나 전분을 산이나 효소로 당화해서 만든 감미료로 주로 옥수수로 만들며 흰색을 띤다. 물엿의 감미도는 70~80% 정도로 강하다. 올리고당이 나오기 전에는 주로 볶음, 조림, 무침, 과자 등에 많이 사용하였다. 칼로리가 높아서 요즘엔 올리고당으로 대체하는 추세.

불고기토르티야피자

피자 도우 대신 토르티야를 이용해서 간편하게
만든 홈메이드 피자. 소고기, 파프리카,
양파 등을 잘게 썰어 토핑하면 푸짐하고 맛있다.

간식은 아이가
좋아하는 것 위주로
준비해야

활동량이 많은 아이를 위해
준비하는 간식은 아이가
좋아하는 것이 좋다. 간식거리도
1주일 단위로 식단을 짜놓으면
겹치지 않게 준비할 수 있다.
아이가 좋아하는 재료에 평소 잘
먹지 않으려 하는 재료를 조금씩
얹거나 모양을 달리하는 등의
아이디어를 더하면 같은
음식이라도 변화를 줄 수 있다.

재료 토르티야(6") 1장, 모차렐라 치즈 ½컵,
소고기(불고기용) 100g, 미니 파프리카 2개,
양파 ¼개, 토마토케첩 4큰술, 다진 파슬리 1큰술
불고기 양념 간장 1작은술, 다진 마늘 ⅓작은술,
참기름 ½작은술, 설탕 1작은술, 후춧가루 조금

만들기

1 볼에 소고기와 불고기 양념을 넣고 고루
섞은 다음 달군 팬에 볶아서 사방 1cm
크기로 자른다.

2 미니 파프리카는 0.2cm 두께로 썰고,
양파는 사방 0.5cm로 자른다.

3 토르티야에 토마토케첩을 고루 펴 바른다.

4 불고기, 양파, 미니 파프리카를 올리고
모차렐라 치즈를 얹는다.

5 치즈 위에 파슬리를 뿌린 다음 180℃로
예열한 오븐의 중간 단에서 10분간 굽는다.

Tip
토르티야는 젖은 수건으로 덮어
마르지 않게 준비한다

토르티야는 조리하기 전까지 실온에 두면
마르므로 젖은 수건으로 덮어 촉촉한 상태
로 유지한다. 토르티야는 롤, 케사디야 등으
로도 활용할 수 있다.

블루베리머핀

블루베리는 안토시아닌 색소가 포도보다 30배나 많아서
시력 발달에 좋다. 요구르트와 함께 먹으면 장 기능은 물론
면역력 강화에도 효과적이다.

재료 박력분 100g, 버터 80g, 달걀 1개, 요구르트 50g,
설탕 40g, 마른 블루베리 ¼컵,
베이킹파우더 ⅓작은술

만들기

1 박력분과 베이킹파우더를 섞어서 체에
내린다.

2 볼에 버터를 넣고 설탕을 2~3번에 나눠
넣으면서 크림색이 되도록 잘 젓는다.

3 ②에 달걀, 요구르트를 넣어 섞은 다음 ①을
넣어서 칼로 자르듯이 섞는다.

4 ③의 반죽에 마른 블루베리 ⅔를 덜어
넣어서 섞은 다음 머핀 그릇에 8부 정도로
채우고 위에 토핑으로 남은 블루베리
얹는다.

5 180℃로 예열한 오븐의 중간 단에서
25분간 굽는다.

미니햄버거

햄버거를 사 먹이는 게 왠지 마음이 안 놓인다면 모닝빵을 이용해서
간편하게 만들어본다. 햄버거 패티를 만들어 냉동해두었다가
양상추, 토마토, 양파 등의 채소만 추가하면 간단하게 만들 수 있다.

햄버거 패티는 넉넉히 만들어 냉동해놓으면 편리해

햄버거 패티는 햄버거를 만들 때도 좋지만 기름 두른 팬에 구워 햄버거스테이크로 응용할 수 있어 좋다. 돼지고기와 소고기를 반반씩 넣고 두부를 으깨서 함께 넣으면 칼로리 걱정을 조금 덜 수 있다. 만든 패티는 한 장씩 유산지로 싼 후 비닐 랩으로 싸 차곡차곡 냉동해놓는다.

재료 모닝빵 2개, 양파(0.5cm) 2토막,
토마토(0.5cm) 2토막, 양상추 2장, 허니머스터드
½큰술, 토마토케첩 1큰술, 버터 1큰술
햄버거 패티 다진 돼지고기 100g, 다진 양파 2큰술,
다진 마늘 ½작은술, 참기름 ⅓작은술,
달걀 1큰술, 빵가루 2큰술, 소금 ⅙작은술,
흰 후춧가루 조금

만들기

1 볼에 분량의 햄버거 패티 재료를 넣어서 차지게 반죽한 다음 2등분해서 동그랗고 도톰하게 모양을 만든다.

2 코팅이 잘된 팬을 달궈 햄버거 패티를 넣고 타지 않게 앞뒤로 굽는다.

3 모닝빵은 반 갈라 기름을 두르지 않은 팬에 바삭하게 구운 다음 식혀서 버터를 바른다.

4 토마토는 키친타월에 올려두어 물기를 빼고 양상추는 찬물에 담갔다가 물기를 제거한다.

5 버터 바른 모닝빵에 양상추, 양파, 토마토를 올리고 토마토케첩, 허니머스터드를 뿌린 다음 구운 햄버거 패티를 올리고 모닝빵을 얹는다.

Tip

덩어리 고기를 구입해 직접 다져야

산적이나 패티 등에 넣는 다진 고기는 덩어리 고기를 준비해 집에서 다져서 사용한다. 그래야 기름기 없는 부위로 준비할 수 있고 위생적이다.

1

2

3

4

닭가슴살샌드위치

지방은 적고 질 좋은 아미노산이 풍부한 닭가슴살은 소화도 잘되고 체력 보충에 좋다. 활동량이 많은 아이들에겐 더없이 좋은 식품. 샌드위치뿐 아니라 햄버거, 튀김 등 다양하게 조리해 먹인다.

엄마수첩

돼지고기, 소고기도 응용할 음식이 많아요

간식으로 샌드위치나 샐러드, 튀김 등을 만들 때 흔히 닭고기를 먼저 떠올리지만, 돼지고기 안심이나 다리살 등은 기름기가 적어 튀김옷을 입혀 튀겨도 부담스럽지 않다. 오히려 닭고기에 비해 질 좋은 단백질이 월등히 많은 편. 소고기 등심도 기름기가 적어 찹스테이크로 만들어 샐러드나 빵에 곁들이면 영양과 맛에서 손색없다.

재료 식빵 2장, 닭가슴살 1조각, 토마토(0.5cm) 2토막, 슬라이스 치즈 1장, 양상추 1장, 바질 잎 4~5장, 마요네즈 3큰술, 머스터드 1큰술
닭가슴살 양념 올리브유 2큰술, 소금 ⅓작은술, 후춧가루 조금

만들기

1 닭가슴살은 포를 떠서 분량의 양념을 넣고 간이 배도록 잠시 재운다.

2 팬을 달궈 기름을 두르지 않고 식빵을 앞뒤로 바삭하게 구운 다음 서로 마주 보게 세워서 식힌다.

3 양상추는 찬물에 담가서 아삭해지면 물기를 제거하고, 토마토도 0.5cm 두께로 썰어서 소금을 뿌려 수분을 제거한다.

4 달군 팬에 양념한 닭가슴살을 넣어 앞뒤로 노릇하게 굽는다.

5 구운 식빵 한쪽 면에 머스터드를 고루 펴 바른 다음 양상추, 토마토, 치즈, 닭가슴살, 바질 순으로 얹은 다음 나머지 식빵으로 덮는다.

6 ⑤의 식빵 가장자리를 잘라낸 다음 먹기 좋은 크기로 썬다.

Tip

구운 식빵 바삭하게 식히는 요령

샌드위치용 식빵은 팬이나 토스트에 바삭하게 구운 뒤 마주 보게 세워서 공기가 통하도록 식히면 질겨지지 않고 바삭함이 그대로 유지된다.

치즈떡볶이

부드럽게 녹아 쭉쭉 늘려 먹는 치즈의 맛과 재미에
영양까지 더한 떡볶이. 떡볶이는 아이들이 좋아하는
간식으로 너무 맵거나 짜지 않게 조리하는 게 좋다.

엄마수첩

떡은 칼로리가 높아 채소를 많이 넣어야

떡은 쌀을 갈아서 응축해놓은 것으로 칼로리가 상당히 높은 편이다. 평소 밥을 잘 먹지 않는 아이라면 조금 넉넉히 만들어줘도 되지만 그렇지 않다면 양 조절을 잘 해야 한다. 대신 양파나 호박, 당근 등의 채소를 넉넉히 넣으면 떡의 양을 줄일 수 있다.

재료 떡볶이 떡 100g, 당근(2cm) 1토막, 대파 ⅙대, 양파 ¼개, 참기름 ½작은술, 깨소금 1작은술, 모차렐라 치즈 2큰술, 물 1컵

양념 토마토케첩 2큰술, 고추장 ½작은술, 설탕 ½큰술, 올리고당 1큰술, 간장 ½작은술

만들기

1 떡볶이 떡은 1개씩 떼어 찬물에 10분간 담가둔다.

2 당근과 대파는 어슷하게 썰고, 양파는 채 썬다.

3 분량의 재료를 고루 섞어 양념장을 만든다.

4 팬에 물 1컵과 떡볶이 떡, 양념장을 넣어서 끓이다가 채소를 넣어 자작하게 끓인다.

5 떡에 양념이 충분히 배고 국물이 거의 없어지면 불을 끄고 참기름과 깨소금을 넣고 모차렐라 치즈를 얹는다.

Tip

떡볶이 떡은 말랑하게 준비하여 조리한다

떡볶이 떡은 물에 담가 부드럽게 한 후 조리해야 간이 잘 배어든다. 딱딱한 상태에서 바로 양념과 섞어 끓이면 떡이 말랑하게 익는 시간 동안 양념이 졸아들고 간도 짜진다.

튀김을 하고 난 기름은 버려야

집에서 튀김을 하면 무엇보다 튀기고 남은 기름이 문제
다. 기름의 산패는 공기에 닿는 순간, 열에 의해 가열되는
순간 급속도로 진행되기 때문에 한 번 사용한 기름은 버린
다. 튀김옷으로 재료의 수분과 영양이 빠지는 것을 막는
다 해도 기름에 스며든 튀김 재료의 수분까지 더해
지면 이미 기름의 역할은 다한 셈. 아까워도
버려야 한다.

양념치킨

닭튀김은 아이들이 가장 좋아하는 간식 중 하나지만, 배달 치킨은 짠맛이 너무 강한 게 흠. 순 살코기, 닭다리, 닭봉, 닭날개 등 부위별로 골라서 집에서 만들면 안심하고 다양한 맛을 즐길 수 있다.

재료   닭 ¼마리, 식용유 적당량
닭 양념 소금 ¼작은술, 참기름 ½큰술,
후춧가루 조금
케이준 튀김 가루 박력분 150g, 베이킹파우더
⅓작은술, 카레 가루 1½큰술, 칠리 가루 ½큰술,
녹말가루 1큰술, 탈지분유 2큰술
튀김 반죽 달걀 1개, 물 ½컵, 케이준 튀김 가루 1컵

만들기

1 닭은 사방 5cm로 잘라서 찬물에 10분간 담가 핏물을 제거하고 분량의 양념을 넣어서 10분간 재운다.

2 볼에 케이준 튀김 가루 재료를 모두 넣고 체에 쳐서 준비해둔다.

3 분량의 튀김 반죽에 손질한 닭을 넣어 튀김옷을 입힌 다음, 체에 내린 케이준 튀김 가루를 묻혀서 턴다.

4 180℃로 달군 식용유에 ③의 닭을 넣어 바삭하게 튀겨 기름을 뺀다.

Tip

튀김옷 입힌 닭은 바로 튀겨야 바삭

튀김 반죽에 넣어 옷을 입힌 닭은 튀김 가루를 묻힌 뒤 바로 튀겨야 바삭하고 맛있다. 미리 기름을 충분히 달궈야 타이밍을 맞출 수 있다.

모둠견과시리얼바

견과류는 불포화지방산이 풍부해서 두뇌 발달에 좋지만 문제는 아이들이 좋아하지 않는다는 것. 바삭한 시리얼과 함께 올리고당을 섞어 굳히면 고소하고 달콤해서 잘 먹는다.

하루 한 움큼의 견과류는 아이·어른 모두에게 좋아

요즘에는 아몬드, 호두, 피스타치오, 호박씨, 크랜베리, 마른 블루베리 등 다양한 견과류와 마른 과일을 섞어 하루치 양만큼 봉지에 담아 파는 제품이 많다. 몇 가지 견과류를 준비해 쿠키용 비닐봉지에 나눠 담아놓으면 꺼내 먹기 좋다. 게다가 예쁜 스티커를 붙이거나 아이 이름을 봉지 겉면에 붙여 건넨다면 견과류를 싫어하는 아이도 호기심에 잘 먹을 듯.

재료   시리얼 1컵, 호두 ¼컵, 호박씨 ¼컵, 크랜베리 1큰술, 올리고당 3큰술

만들기

1 호두, 호박씨는 사방 0.5cm로 썰어 마른 팬에 살짝 볶은 다음 식힌다. 크랜베리는 잘게 다진다.

2 냄비에 올리고당을 넣어 바글바글 끓인다.

3 올리고당의 수분이 없어지고 숟가락으로 떨어뜨렸을 때 똑똑 떨어지는 느낌이 나면 시리얼, 호두, 호박씨, 크랜베리를 넣어 잘 섞는다.

4 넓은 팬이나 트레이에 랩이나 비닐을 깔고 ③을 한 김 식혀서 넣는다. 편편하게 펴서 차게 식힌다.

5 차게 식으면 손가락 길이로 썰어서 바처럼 만든다.

Tip

견과류는 잘게 다져야 먹기 편해

견과류는 잘게 다지듯 썰어서 입자를 작게 만들어야 나중에 바처럼 썰 때 부서지지 않고 먹기 좋다. 올리고당 대신 아가베 시럽이나 조청을 넣어도 된다.

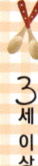

엄 마 수 첩

변비가 있거나
장이 약한 아이에게 좋은 간식

한천 가루는 장의 운동을 도와 변비가 있거나 장이 약한 아
이에게 좋은 재료. 밤과 팥을 넣고 삶은 후 한천 가루를 넣
어 굳히면 밤양갱이 된다. 밤은 통조림으로 된 것을 사
용하면 부드럽고 맛있다. 밤 대신 잣이나 다진 호두,
삶은 호박, 삶은 고구마를 섞어 맛의 변화를
줘도 좋다.

 밤은 소화가 잘되고 위장 기능도 촉진해 설사와 배탈에 좋다.
아직 소화 기능이 약한 아이들에게 밤을 이용해 간식, 반찬, 죽 등을
만들어 먹이면 좋다.

재료　　　밤 4개, 한천 가루 8g, 설탕 50g,
　　　　　올리고당 30g, 팥 ¼컵, 물 6½컵

만들기

1　밤은 껍질을 벗겨 사방 1cm로 썬다.

2　냄비에 팥과 물 1컵을 넣어 바글바글 끓으면
　물을 따라버리고 다시 물 3컵을 부어서 팥이
　푹 무르도록 삶는다.

3　팥이 손으로 으깨질 정도가 되고 물이 거의
　없어지면 믹서에 넣고 물 2컵을 부어 곱게
　간다.

4　곱게 간 팥을 체에 걸러 냄비에 담고 ①의 밤,
　설탕, 올리고당을 넣어 끓인다.

5　한천 가루는 물 ½컵을 넣어 불린 다음 ④에
　넣어 끓인다.

6　⑤의 팥물은 한 김 식힌 다음 틀에 붓고
　냉장고에 넣어서 2시간 정도 굳힌다.

Tip

**팥과 물의 농도가 맞아야
잘 굳는다**

믹서에 삶은 팥을 갈 때 물을 2컵 정도만
넣는다. 물을 더 넣으면 농도가 맞지 않아
한천 가루를 넣고 굳힐 때 제대로 굳지 않
는다.

치즈푸딩

우유, 치즈, 달걀로 만든 푸딩은 아이들이 먹기에 부드럽고
성장에 필요한 칼슘과 단백질도 듬뿍 들어 있다.
틀에 넣고 굳히면 아이의 호기심을 자극해 잘 먹는다.

제대로 배워놓으면 좋은 디저트 혹은 베이킹

푸딩은 부드럽고 소화가 잘된다. 젤라틴 가루만 있으면 누구나 쉽게 만들 수 있다. 하지만 푸딩을 어떻게 집에서 만들까 하는 생각에 레시피조차 자세히 읽으려 하지 않는 경우가 많다. 푸딩은 우유와 치즈로, 과일을 갈아서, 또 달걀로 만들어도 맛있다. 이들 재료에 젤라틴 가루를 섞어 가열하면 되는 초간단 레시피, 지금 배워두자.

재료　우유 80g, 사워크림 25g, 크림치즈 25g, 달걀노른자 1개, 설탕 15g, 바닐라 에센스 1방울, 젤라틴 가루 2g, 아가베 시럽 1큰술

만들기

1 볼에 젤라틴 가루와 우유를 넣어 고루 섞은 다음 10분 정도 불린다.

2 냄비에 ①을 넣고 설탕, 바닐라 에센스를 넣어서 녹을 정도로 가열한다.

3 볼에 크림치즈와 달걀노른자를 넣어 섞은 다음 ②를 넣고 사워크림을 섞는다.

4 ③을 그릇에 담고 아가베 시럽을 뿌려 덮은 다음 냉장고에 2시간 정도 굳힌다.

Tip
우유가 뜨거우면 달걀노른자가 굳으므로 주의

달걀노른자와 우유를 섞을 때 우유가 너무 뜨거우면 달걀이 굳을 수 있으므로 어느 정도 식힌 뒤 달걀노른자를 넣는다. 그래야 달걀노른자가 굳지 않고 부드럽게 잘 섞인다.

바나나스무디 &
딸기셰이크

바나나, 딸기, 수박, 포도 등의 과일을 손질해
냉동해두었다가 우유나 두유 등을 넣고 갈면 즉석
스무디나 음료수가 된다. 시판 음료 대신 이렇게
만들어 먹이면 건강에도 좋다.

재료   **바나나스무디** 얼린 바나나 2개,
두유 1½컵, 꿀 1큰술
딸기셰이크 딸기 2컵, 우유 1컵,
얼음 1컵, 조청 2큰술
식촛물 물 3컵, 식초 1큰술

만들기

1 껍질째 얼린 바나나는 껍질을 벗기고
큼직하게 자른다.

2 믹서에 바나나, 두유, 꿀을 넣어 곱게 간다.

3 딸기는 꼭지를 떼서 깨끗이 씻은 다음
식촛물에 헹궈 물기를 뺀다.

4 믹서에 딸기, 우유, 얼음, 조청을 넣어서
곱게 간다.

Tip

바나나와 딸기는
4세 이후에 먹인다

바나나와 딸기는 3세 이전에 먹이면 알레르
기가 생길 수 있으므로 4세 이후에 먹인다.
얼린 바나나와 딸기를 갈아 먹여도 되고 초
콜릿을 녹여서 살짝 묻혀 먹여도 된다. 얼린
바나나는 상온에 3분 정도 두면 껍질이 잘
벗겨진다.

1   2   3   4

index

가나다순

한 권으로 끝내는 짜지 않은

초판 1쇄 인쇄 2013년 8월 12일
초판 1쇄 발행 2013년 8월 19일

요리 김외순
펴낸이 이웅현
펴낸곳 (주)도서출판 도도

회장 조대웅
상무 정지아
재무이사 최명희
마케팅 차은영

어린이 모델 박민준
기획책임 최승주
구성·진행 김지영
디자인 박은희(THEWORLD)
사진 박영하
교정·교열 김현지

출판등록 제300-2012-212호
주소 서울시 종로구 새문안로 92 오피시아빌딩 1225호
전자우편 dodo7788@hanmail.net
내용문의 02)739-7656-59(106)
판매문의 02)739-7656(206)

ⓒ김외순 2013

ISBN 979-11-950335-8-4